黑龙江省大兴安岭地区

岭南生态农业示范区耕地地力评价

林东升 主编

中国农业科学技术出版社

图书在版编目（CIP）数据

黑龙江省大兴安岭地区岭南生态农业示范区耕地地力评价／林东升主编．—北京：中国农业科学技术出版社，2016.12

ISBN 978 - 7 - 5116 - 2864 - 0

Ⅰ．①黑…　Ⅱ．①林…　Ⅲ．①大兴安岭地区 - 耕作土壤 - 土壤肥力 - 土壤调查②大兴安岭地区 - 耕作土壤 - 土壤评价　Ⅳ．①S159.235.2 ②S158

中国版本图书馆 CIP 数据核字（2016）第 300007 号

责任编辑	徐　毅	
责任校对	杨丁庆	
出 版 者	中国农业科学技术出版社	
	北京市中关村南大街 12 号　邮编：100081	
电　　话	（010）82106631（编辑室）　（010）82109702（发行部）	
	（010）82109709（读者服务部）	
传　　真	（010）82106631	
网　　址	http://www.castp.cn	
经 销 者	各地新华书店	
印 刷 者	北京卡乐富印刷有限公司	
开　　本	787mm×1 092mm　1/16	
印　　张	12.375	
字　　数	280 千字	
版　　次	2016 年 12 月第 1 版　2016 年 12 月第 1 次印刷	
定　　价	60.00 元	

《黑龙江省大兴安岭地区岭南生态农业示范区耕地地力评价》

编　委　会

主　　任　　孙兴安

副 主 任　　刘绍艳

主　　编　　林东升

编　　者　　刘绍艳　赵　雷　张月辉　付天曦

　　　　　　王慧琰　岳文举　刘　峰　海轶颖

　　　　　　邵凤杰　闫　姝　刘　涛

前　言

　　大兴安岭地区岭南生态农业示范区耕地地力评价工作，是按照农业部办公厅、财政部办公厅农办农〔2005〕43号文件，黑龙江省农业委员会、黑龙江省财政厅、农办联发〔2005〕192号文件精神，按照中华人民共和国农业行业标准《耕地地力评价技术规程》《黑龙江省2007年测土配方施肥春季行动方案》，大兴安岭地区岭南生态农业示范区2008年被列为测土配方施肥项目县，于2008年春季正式开展测土配方施肥工作。

　　3年来，在黑龙江省土肥管理站的指导下，在各级领导的关心和支持下，于2011年顺利地完成了测土配方施肥和耕地地力评价工作。

　　通过对975个耕地地力采样点的调查地块化验分析，对全区耕地地力进行了评价分级，基本摸清了县域内耕地肥力与生产潜力状况，为各级领导进行宏观决策提供可靠依据，为指导农业生产提供科学数据。3年来，全区测土配方实施面积80 000hm²，野外采集土壤农化样9 000个，测试化验分析数据52 000项次，制作了大量的图、文、表说明材料，整理汇编了20多万字的技术专题工作报告。构建了测土配方施肥宏观决策和动态管理基础平台，为农民科学种田增产增收提供科学保障，按每个采样点所代表的地块面积和农户，分别发放配方卡共8 000份，建立了规范的岭南生态农业示范区测土配方施肥数据库和县域土地资源空间数据库、属性数据库、耕地质量管理信息系统，并编写了《岭南生态农业示范区耕地地力调查与评价技术报告》。在编写的过程中，参阅了大量的参考文献并借鉴了省土肥管理站下发有关省、县的耕地地力调查与评价材料。

　　这次调查评价工作，得到了省土肥站、大兴安岭地区岭南生态农业和示范区管理委员会、大兴安岭地区统计局、气象局、国土资源局等单位和肇东市农业技术推广中心汪君利主任、拜泉县土肥站汤彦辉站长等有关专家的大力支持，在此表达最诚挚的谢意。由于参加编写的人员水平有限，在报告编写分析和综合过程中难免有欠妥之处，恳请各级领导、专家和同行给予批评指正。

作　者

2016年10月

目　　录

第一部分

大兴安岭地区岭南生态农业示范区耕地地力评价工作报告

岭南生态农业示范区耕地地力评价工作报告

岭南生态农业示范区，位于内蒙古自治区东北部，行政隶属于黑龙江省大兴安岭地区，大兴安岭山脉东麓，西、南与内蒙古自治区鄂伦春自治旗接壤，东临黑龙江省呼玛县和黑河市，北与大兴安岭地区松岭区相邻。区域条件优越，交通便捷。2009年4月大兴安岭地委、行署、林管局以原林田公司为基础组建岭南生态农业示范区，接管加格达奇林业局、松岭、地区农委、加格达奇区等7个单位的1 179家农场。示范区总面积187万 hm^2，其中，有林地面积为169万 hm^2，耕地6.93万 hm^2，草地面积6.73万 hm^2，水域面积0.6万 hm^2，其他面积3.74万 hm^2。

2010年完成播种面积69 333 hm^2，其中，大豆37 446 hm^2，马铃薯1 133 hm^2，总产实现17.64万t。年化肥投入折纯总量达5 500t。主要土壤类型有4个，其中，暗棕壤面积占总耕地面积的44.23%，pH值多在4.82~7.68。施用有机肥和化肥对耕地土壤及作物影响较大。多年来，耕地质量经历了从盲目开发到科学可持续利用的过程，适时开展耕地地力评价是发展效益农业、绿色生态农业、可持续发展农业的有力举措。

一、目的意义

测土配方施肥不仅仅只是一项技术，而是从根本上提高施肥效益、实现肥料资源优化配置的基础性工作。不论是面对千家万户还是面对规模化的生产模式，为生产者施肥指导都是一项任务繁重的工作，现在的技术推广服务模式从范围和效果上都难以适应。必须利用现代技术，多种形式为农业生产者提供方便、有效的咨询、指导服务。以县域耕地资源管理信息系统为基础，可以全面、有效地利用第二次土壤普查、肥料田间试验和这次项目的大量数据，建立测土配方施肥指导信息系统，从而达到科学划分施肥分区、提供因土因作物的合理施肥建议，通过网络等方式为农业生产者提供及时有效的技术服务。因此，开展耕地地力评价是测土配方施肥不可或缺的环节，也是耕地地力评价、深化测土配方施肥项目的必然要求。

耕地地力评价是掌握耕地资源质量状态的迫切需要。第二次土壤普查结束已近30年，耕地质量状态的全局情况不是十分清楚，对农业生产决策造成了影响。通过耕地地力评价这项工作，充分发掘整理第二次土壤普查资料，结合这次测土配方施肥项目所获得的大量养分监测数据和肥料试验数据，建立县域的耕地资源管理信息系统，可以有效地掌握耕地质量状态，逐步建立和完善耕地质量的动态监测与预警体系，系统摸索不同耕地类型土壤肥力演变与科学施肥规律，为加强耕地质量建设提供依据。

耕地地力评价是加强耕地质量建设的基础。耕地地力评价结果，可以很清楚地揭示不同等级耕地中存在的主导障碍因素及其对粮食生产的影响程度。因此，可以说也是一个决策服务系统。对耕地质量状态的全面把握，我们就能够根据改良的难易程度和规模，做出先易后难的正确决策。同时，也能根据主导的障碍因素，提出更有针对性的改良措施，决策更具科学性。

耕地质量建设对保证粮食安全具有十分重要的意义。没有高质量肥沃的耕地质量，就不可能全面提高粮食单产。耕地数量下降和粮食需求总量增长，决定了我们必须提高单产。1996 年，我国耕地总面积为 1.3 亿 hm^2，2006 年年底降为 1.2 亿 hm^2，10 年净减少 826.7 万 hm^2。从长远看，随着工业化、城镇化进程的加快，耕地减少的趋势仍难以扭转。受人口增长、养殖业发展和工业需求拉动，粮食消费快速增长，近 10 年我国粮食需求总量一直呈刚性增长，尤其是工业用粮增长较快，并且对粮食的质量提出新的更高要求。

随着测土配方施肥项目的常规化，我们就能不断地获得新的数据，不断更新耕地资源管理信息系统，使我们及时掌握耕地质量状态。因此，耕地地力评价是加强耕地质量建设必不可少的基础工作。

耕地地力评价是促进农业资源优化配置的现实需求。耕地地力评价因素都是影响耕地生产能力的土壤性状和土壤管理等方面的自然要素，如耕地的土壤养分含量、立地条件、部面性状、障碍因素和灌溉、排水条件（这些一经建成，也是一种自然状况）。这些因素本身就是我们决定种植业布局时需要考虑的因素。耕地地力评价为我们调整种植业结构，实现农业资源的优化配置提供了便利的条件和科学的手段，使不断促进农业资源的优化配置成为可能。

岭南生态农业示范区现有耕地面积 6.93 万 hm^2，是大兴安岭的粮食主产区之一，在国家的支持下，农业生产发展很快。在我国已加入 WPO 和国内的农业市场经济已逐步确立的新形势下，岭南生态农业示范区的农业生产已经进入了一个新的发展阶段。近几年来种植业结构调整稳步推进，绿色、有机生产基地建设已开始启动，特别是 2004 年中共中央国务院一号文件（以下简称中央一号文件）的贯彻执行，"一免三补"政策的落实，极大地调动了广大农民种粮的积极性。大力发展生态有机农业，促进农村经济繁荣，提高农民收入，已经变成了岭南生态农业示范区广大干部和农民的共同愿望。但无论是进一步增加粮食产量，提高农产品质量，还是进一步优化种植业结构，建立有机农产品生产基地以及各种优质粮食生产基地，都离不开农作物赖以生长发育的耕地，都必须了解耕地的地力状况及其质量状况。

岭南生态农业示范区的耕地多开垦于 20 世纪 90 年代，在这 20 多年的过程中土地经营管理、肥料使用数量和品种、种植结构、产量水平、病虫害防治手段等许多方面都发生了巨大的变化。这些变化对耕地的土壤肥力以及环境质量必然会产生巨大的影响。然而，自第二次土壤普查以来，特别是在这 20 多年的过程中，还没有对全区的耕地土壤有进行过全面调查，因此开展耕地地力评价工作，对岭南生态农业示范区优化种植业结构，建立各种专用农产品生产基地，开发有机农产品和绿色农产品，推广先进的农业技术，不仅是必要的，而且是迫切的。这对于促进农业生产的进一步发展，粮食产量和质量的进一步提高，在农业生产中落实科学发展观都具有现实意义。

二、工作组织

开展耕地地力调查和质量评价工作，是岭南生态农业示范区在农业生产进入新阶段的一项带有基础性的工作。根据农业部制定的《全国耕地地力评价总体工作方案》和《全国耕地地力评价技术规程》的要求。我们从组织领导、方案制定、资金协调等方面都做了周密的安排，做到了组织领导有力度，工作有计划，资金提供有保证。

（一）加强组织领导

1. 成立领导小组

这次耕地地力评价工作按照黑龙江土肥总站的统一要求，大兴安岭地委、行署对此项工作高度重视，成立了大兴安岭地区岭南生态农业示范区"耕地地力评价"工作领导小组，由大兴安岭地区行署农委主任臧世富认组长。领导小组负责组织协调，制订工作计划，落实人员，安排资金，指导全面工作。在领导小组的领导下，成立了"岭南生态农业示范区耕地地力评价"工作办公室，由大兴安岭地区农委副主任孙兴安任主任，办公室成员由大兴安岭地区农业技术推广中心有关人员组成。办公室按照领导小组的工作安排具体组织实施。办公室制定了《岭南生态农业示范区耕地地力评价工作方案》，编排了"耕地地力评价工作日程"。

为了把该项工作真正抓好，岭南生态农业示范区也成立了项目工作技术专家组，由大兴安岭地区农业技术推广中心主任刘绍艳任组长，成员由土肥站和化验室全体技术人员组成，负责"耕地地力评价"的具体评价工作。

2. 组建野外调查专业队

野外调查包括入户调查、实地调查、采集土样以及填写各种表格等多项工作，调查范围广，项目多，要求高，时间紧。为保证工作进度和质量，组织了由16人组成的野外调查专业队。

（二）精心准备，加强合作和指导

1. 精心准备

在这次耕地地力评价工作中，我们借鉴了前几批项目县的成功经验，总结经验找出不足，使这次评价工作更加完善。2010年7月开始开始准备工作，从野外调查、采点、化验、数据的整理汇总都严格要求。首先，确定了骨干技术人员，并对参与技术人员进行了集中培训之后，做好实施前的准备工作。主要是收集各种资料，其中，包括图件资料、有关文字资料、数字资料；其次是对这些资料进行整理、分析，如土种图的编绘、录入，一些文字资料的整理，数字资料的统计分析；随后对野外调查和室内化验工作进行了安排和准备。

2. 专家指导

聘请黑龙江省土肥总站专家指导地力评价工作，具体负责这次评价的专家拜泉县农业技术推广中心的汤颜辉站长。专家指导小组帮助拟定了《耕地地力调查和质量评价工作方案》《耕地地力调查和质量评价技术方案》《野外调查及采样技术规程》。并确定了"耕地地力评价指标体系"。在土样化验基本完成之后，又请有关专家帮助我们建立了各参评指标的隶属函数。此外，在数据库的建立和应用等方面，我们还请了相关专业的专家进行指导，或进行咨询。

3. 强化技术培训

培训主要是针对参加外业调查和采样的人员进行的。培训共进行2次。第一次是在2010年9月15日，即在外业工作正式开始之前进行。主要是以入户调查工作为主要内容，规范了表格的填写；第二次是在2011年4月3日进行，以土样的采集为主要内容，规范采集方法。

4. 跟踪检查指导

在野外调查阶段，有关专家和领导亲临现场检查指导，发现问题就地纠正解决。外业工作共分两个阶段进行，在每一个阶段工作完成以后，都进行检查验收。在化验室化验期间，技术指导小组对化验结果进行抽检，以保证数据的准确性。

5. 省地密切配合

整个工作期间，在省土肥站的统一指导下，得到了极象动漫公司的大力支持，对图件进行数字化，建立了数据库。土样的分析化验、基本资料的收集整理、外业的全部工作，包括入户调查和土样的采集等由县里负责。在明确分工的基础上，进行密切合作，保证各项工作的有序衔接。

三、主要工作成果

结合测土配方施肥开展的耕地地力评价工作，获取了岭南生态农业示范区有关农业生产的大量的、内容丰富的测试数据和调查资料及数字化图件，通过相关的软件工作系统的应用，初步建立了科学施肥技术体系，为下一步更好更深入的开展测土配方施肥工作打下了坚实的基础。通过实施该项目，形成当前和今后一个时期对农业发展产生积极广泛而深远影响的工作效果。主要成果如下。

（一）文字报告

岭南生态农业示范区耕地地力调查与评价工作报告。

岭南生态农业示范区耕地地力调查与评价技术报告。

岭南生态农业示范区耕地地力调查与评价专题报告。

（二）岭南生态农业示范区耕地地力评价管理信息系统

1. 归纳了不同土壤属性的变化规律，发现土壤养分变化特征

对耕层土壤主要理化属性及其时空变化特征进行了分析，比较、归纳了不同土壤属性的变化规律，发现土壤养分变化特征为土壤有机质、全氮和速效钾含量呈下降趋势，其他各项指标变化不明显，这也与大部分耕地都是近十几年开垦的有关。同时，将各土类按黑龙江省统一分类标准进行了重新归类。在原有的土类、亚类的基础上细化了土属、土种的分类工作。岭南生态农业示范区耕地土壤类型主要有 4 个土类，即暗棕壤、黑土、草甸土、沼泽土，土类下分 10 个亚类。由于成土因素及成土过程的差异，各类土壤肥力特点和生产能力各不相同。通过这次地力评价，我们采集大量数据，查找有关土壤分类资料，对照土壤分类检索表，挖掘土壤刨面 50 多个，聘请专家，完善了四大土类的土属、土种初步分类工作。

2. 建立了县域空间数据库

数字化图件包括：土地利用现状图、土壤图、地形图、行政区划图等。数字化软件统一采用 Arcmap GIS，坐标系为 1954 北京大地坐标系，比例尺为 1∶5 万。评价单元图件的叠加、调查点点位图的生成、评价单元插值是使用 ArcInfo 及 Arcmap GIS 软件，文件保存格式为 .shp、arc。最后将所有完成的图件导入到扬州市的"县域耕地资源管理信息系统 V3.2"，建立了"黑龙江省龙江县县域耕地资源管理信息系统"。

3. 完成了地力等级的划分

利用"县域耕地资源管理信息系统"将该区耕地划分为 4 个等级，耕地面积为 6.93 万 hm^2，其中，参与这次耕地地力评价面积 6.85 万 hm^2。将参与这次评价的耕地划分为 4 个等

级，一级地 14 724.18 hm²，占耕地面积 21.5%；二级地 20 100.76 hm²，占耕地面积 29.34%；三级地 18 475.14 hm²，占耕地面积 26.97%；四级地 15 200.5 hm²，占耕地面积 22.19%；一级地属高产田土壤，二级、三级为中产田土壤，四级为低产田土壤。

按照《全国耕地类型区耕地地力等级划分标准》进行归并，现有国家六级、七级、八级地，其中，六级面积 14 724.18 hm²，占耕地面积 21.5%，七级地 38 575.9 hm²，占耕地面积 56.21%；八级级地面积 15 200.5 hm²，占耕地面积 22.19%。

（三）数字化成果图

（1）行政区划图。

（2）土地利用现状图。

（3）土壤图。

（4）耕地地力等级图。

（5）耕地地力评价采样点分布图。

（6）耕地土壤大豆适宜性评价图。

（7）氮、磷、钾综合施肥分区图。

（四）土壤养分分级图

利用 ARCINFO 将采样点位图，在 ARCMAP 地理统计分析子模块中采用克立格插值法进行采样点数据的插值，生成土壤养分分级图如下。

（1）耕地土壤碱解氮分级图。

（2）耕地土壤有效磷分级图。

（3）耕地土壤速效钾分级图。

（4）耕地土壤有机质分级图。

（5）耕地土壤全氮分级图。

（6）耕地土壤有效铜分级图。

（7）耕地土壤有效铁分级图。

（8）耕地土壤有效锌分级图。

（9）耕地土壤有效锰分级图。

（10）耕地土壤全钾分级图。

（11）耕地土壤全磷分级图。

（五）编写耕地地力调查与质量评价报告

认真组织编写人员进行编写报告，严格按照全国农业技术推广服务中心《耕地地力评价指南》进行编写，共形成 10 余万字的报告，使地力评价结果得到规范的保存。

四、主要作法与经验

大兴安岭岭南生态农业示范区耕地地力调查与评价工作，是在黑龙江省土肥站、极象动漫公司和有关专家指导下，在地区农业技术推广中心全体技术人员的齐心努力下，历经 3 年的时间，圆满地完成了测土配方施肥和耕地地力评价工作。在工作中，我们得到了各有关部门的大力协助，根据农业部的总体工作方案和国家农业部印发的《耕地地力调查评价指南》，对各项具体工作内容、质量标准，都严格地按照要求实施。

(一) 主要作法

1. 因地制宜，分段进行

岭南生态农业示范区主栽农作物的收获时间都在9月末以后才能陆续开始，到10月中旬才能陆续结束。一般在10月20日前后土壤冻结。从秋收结束到土壤封冻仅有20天左右，在这20天左右的期间内完成所有外业的任务，比较困难。根据这一实际情况，我们把外业的所有任务分为入户调查和采集土壤两部分。入户调查安排在秋收前进行。而采集土壤则集中在秋收后土壤封冻前进行，这样，既保证了外业的工作质量，又使外业工作在土壤封冻前顺利完成。

2. 统一计划，分工协作

耕地地力评价是由多项任务指标组成的，各项任务又相互联系成一个有机的整体。任何一个具体环节出现问题都会影响整体工作的质量。因此，在具体工作中，根据农业部制订的总体工作方案和技术规程，我们采取了统一计划，分工协作的做法。省里制订了统一的工作方案，按照这一方案，对各项具体工作内容、质量标准、起止时间都提出了具体而明确的要求，并作了详尽的安排。承担不同工作任务的同志都根据统一安排分别制定了各自的工作计划和工作日程，并注意到了互相之间的协作和各项任务的衔接。

(二) 主要经验

1. 加大宣传力度

耕地地力评价工作是在实施测土配方施肥工作的基础上进行的。耕地地力评价工作表面看来比较抽象，所以，我们结合科普之冬和科技入户工程，与农委、科技局、电视台等单位合作，利用农闲时间以村为单位举办培训班、发放各种宣传材料、大力宣传实施测土施肥和开展耕地地力评价工作的重要性以及样品采集的标准方法，得到了广大农民的认可。

2. 全面安排，突出重点

耕地地力评价这一工作的最终目的，是要对调查区域内的耕地地力和环境质量进行科学的实事求是的评价，这是开展这项工作的重点。所以，我们在努力保证全面工作质量的基础上，突出了耕地地力评价和土壤环境质量评价这一重点。除充分发挥专家顾问组的作用外，我们还多方征求意见，对评价指标的选定、各参评指标的权重等进行了多次研究和探讨，提高了评价的质量。

3. 搞好各部门的协作

行耕地地力调查和质量评价，需要多方面的资料图件，包括历史资料和现状资料，涉及国土、统计、农机、水利、畜牧、气象等各个部门，在县域内进行这一工作，单靠农业部门很难在这样短的时间内顺利完成，必须协调各部门的工作，以保证在较短的时间内，把资料搞全搞准。

4. 紧密联系当地农业生产实际，为当地农业生产服务

开展耕地地力调查和土壤质量评价，本身就是与当地农业生产实际联系十分紧密的工作，特别是专题报告的选定与撰写，要符合当地农业生产的实际情况，反映当地农业生产发展的需求。所以，在调查过程中，对技术规程要求以外的一些生产和销售情况，如粮食销售渠道、生产基地的建设、农产品的质量等方面的情况，也进行了一些调查。

5. 档案管理

所有文件、会议纪要、资金管理办法、合同书、工作方案、宣传培训材料、试验方案和

观察数据、配方卡、现场图片（照片）、统一格式的数据库、成果图件、工作总结以及技术总结等分类归档。并设有专用档案柜，由专人登记管理，以便今后对资料的查询。

6. 广泛征求意见，选择适合本地的评价指标

为做好耕地地力评价工作，我们首先对该区的耕地进行入户调查，根据二次土壤普查的地力分级标准，对地力等级的变化进行分析，我们广泛征求意见，对参加过第二次土壤普查的农业专家，黑龙江该区省土肥站和高校专家等，请求他们就对耕地地力评价指标的选取、指标的量化、评价方法以及权重打分等进行了专题研讨。各参评项目都是充分利用现有数据和第二次土壤普查的珍贵数据和资料，采用准确的数学统计分析方法，尽量减少人为误差，提出好的建议和方法，反复多次对参评指标进行研究敲定，根据重要性原则、易获取性原则、差异性原则、稳定性原则、评价范围原则和精简性原则，最后确定了 10 项评价指标：≥10℃积温、坡度、有机质、质地、障碍层类型、耕层厚度、剖面构型、地貌类型、地形部位、土地类型。

7. 应用先进的数字化技术，建立岭南生态农业示范区耕地资源数据库

这次调查是根据耕地地力调查点 1 000 个，结合测土配方施肥采点 8 000 个，共获得检验数据近万个，利用 Supermap 的软件，将区域内的土壤图、行政区划图、土地利用现状图进行矢量化和数字化处理，最后利用扬州土肥站开发的《县域耕地资源管理信息系统》形成 10 555 个评价单元，并建立了属性数据库和空间数据库。制作出岭南生态农业示范区耕地地力等级图、氮素养分分级图、磷素养分分级图、钾素养分分级图、有机质分级图、有效铜养分分级图、有效铁养分分级图、有效锰养分分级图、有效锌养分分级图、样点分布图、施肥分区图和主要作物适宜性评价图。

（三）主要体会

（1）通过开展测土配方施肥工作和耕地地力评价工作，使农民在科学施肥及耕地管理和利用上有了更明确的认识，是提高农业科技含量的重要手段，也是在今后相当长的一段时间内需要农业科技人员掌握和运用的一项行之有效的技术，通过对地力评价和计算机软件的进一步开发，去除人为因素，简而易行的操作方式，让广大的科技人员和农民都能迅速掌握并且运用。

（2）耕地地力评价工作是在测土配方施肥工作基础上实施的，可以说是测土配方施肥工作的延续，同时，耕地地力评价工作也是一项时间长、数据量较大的工作，也可以说是一项很艰苦的工作。因此，需要我们在工作中必须克服困难，转变思维方式，求真务实，科技创新，把这项工作作为一项长期而重点的工作来抓。更需要我们刻苦地学习专业技术理论，熟练掌握电脑和软件操作技术，才能把这项工作干好干实，真正地能起到指导农业生产的目的。

五、存在的突出问题和建议

此项调查工作要求知识面和使用技术要求很高，如图件的数字化、经纬坐标与地理坐标的转换、采样点位图的生成、等高线生成高程、坡度、坡向图等技术及评价信息系统与属性数据、空间数据的挂接、插值等技术都要请专业技术人员帮助才能完成。由于此次工作需要的软件较多，而每个软件都有各自的优缺点，并且操作起来有很多的局限性，为后期的数据维护带来了相当大的难度，应开发出完善而统一的软件，并能可持续使用，以适应和方便广

大的基层用户。

关于评价单元图生成。本次调查评价工作是在第二次土壤普查的基础上开展的，也是为了掌握两次调查之间土壤地力的变化情况。因此，应该充分利用已有的土壤普查资料开展工作。应该看到本次土壤调查的对象是在土壤类型的基础上，由于人为土地利用的不同，土壤性状发生了一系列的变化，因此，土壤图和土地利用图，应该是生成调查单元底图的核心，同时，叠加行政区划图，必要时可以叠加地形图。

土壤是成土因素及人类的综合作用形成的，它的分布不可能是均一的，因此，用 Kriging 空间插值来推测未知区域的数据可能存在着一定的偏差，容易将一些随机偶然因素，混淆入土壤分布规律之中，不能科学地表示土壤的变化。

在化验检验的设备上还需进一步的配备和加强，做到所有的设备配齐配全，性能质量过关，同时，加强相关技术人员的培训，提高人员的整体素质。

由于耕地地力评价是庞大而复杂的系统工程，涉及的因素较多，由于人员的技术水平、时间有限，在数据的分析调查上还不够全面和细化，必然有不当之处，短期内还无法达到预期的效果，要做好长期的准备，出现的错误和不合理之处，还有待于在今后的工作中进一步完善和补充。

附：岭南生态农业示范区耕地地力评价工作事记

（1）2008 年 5 月 25 日，大兴安岭地区农委、农业技术推广中心组织召开测土配方施肥项目落实会，参加会议的有林田公司、加格达奇林业局、松岭林业局、岭南管理办、加格达奇区、大杨树农工商等单位的负责同志。

（2）2008 年 7 月，化验室改造工作和仪器调试安装相继展开。

（3）2009 年 1 月 5 日，大兴安岭地区行署副专员王怀刚检查指导测土配方施肥工作。

（4）2009 年 1 月 25 日，大兴安岭电视台对岭南生态农业示范区测土配方施肥项目做了专题报道。

（5）2009 年 3 月 30 日，邀请东北农业大学资源与环境学院崔正忠教授指导测土配方施肥工作。

（6）2009 年 3 月 30 日，在大兴安岭地区科技大集上设立测土配方施肥咨询台，为全区农户宣传、讲解测土配方施肥技术。

（7）2009 年 4 月 25 日，开始了测土配方施肥"春季行动"即第一次土样采集工作，此次行动采样 2 000 个，历时 20 天。

（8）2009 年 10 月 1 日，开始了测土配方施肥"秋季行动"即第二次外业土样采集工作，此次行动采样 2 000 个，历时 27 天。

（9）2009 年 12 月 1 日，开始全面室内的土样化验工作，历时 100 天。

（10）2009 年 12 月 9 日，新任大兴安岭地区行署专员单增庆同志视察岭南生态农业示范区测土配方施肥工作。

（11）2010 年 6 月 12 日，由省土肥站组织的全省测土配方施肥数据处理会议在漠河县召开，大兴安岭地区农业技术推广中心为会议的成功召开，做了精心的准备工作。

（12）2010 年 7 月 25 日，由省土肥站组织召开的第四、第五批项目县耕地地力评价工作会议在牡丹江海林市召开。

（13）2010 年 10 月 5 日，耕地地力评价土样采集工作开始。

（14）2011 年 6 月，耕地地力土样化验工作开始，8 月末完成 1 000 个土样的化验工作。

（15）2011 年 10 月 19 日，耕地地力工作空间和评价图完成。

（16）2011 年 12 月 20 日，项目工作报告，技术报告、各专题报告的初稿完成。

（17）2012 年 1 月 14 日，大兴安岭地区岭南生态农业示范区耕地地力评价通过省级验收。

第二部分

大兴安岭地区岭南生态农业
示范区耕地地力评价技术报告

岭南生态农业示范区耕地地力评价技术报告

这次耕地地力评价是在黑龙江省、地领导下，根据《全国耕地地力评价技术规程》，充分利用全国第二次土壤普查、土地资源详查、基本农田保护区划定等现有成果，结合国家测土配方施肥项目，采用 GPS、GIS、RS、计算机和数学模型集成新技术，进行了这次耕地地力评价。

（1）完善了土壤分类系统，通过这次耕地地力评价统一了土壤分类系统，完善了岭南生态农业示范区的 4 个土类、10 个亚类的 17 个土属、18 个土种分类工作，归属于国家分类系统为 17 个土属。

（2）建立了县域空间数据库，采用图件扫描后数字化的方法建立空间数据库。图件扫描的分辨率为 300dpi，彩色图用 24 位真彩，单色图用黑白格式。数字化图件包括：土地利用现状图、土壤图、地形图、行政区划图等。数字化软件统一采用 Arcmap GIS，坐标系为 1954 北京大地坐标系，比例尺为 1∶5 万。评价单元图件的叠加、调查点点位图的生成、评价单元插值是使用 ArcInfo 及 Arcmap GIS 软件，文件保存格式为 .shp、.arc。最后将所有完成的图件导入到扬州市的"县域耕地资源管理信息系统 V3.2"，建立了"黑龙江省岭南农业开发区县域耕地资源管理信息系统"。

（3）完成了地力等级的划分，这次耕地地力评价，是在 GIS 支持下，利用土壤图、土地利用现状图叠置划分法确定区域耕地地力评价单元，分别建立耕地地力评价指标体系及其模型，运用层次分析法和模糊数学方法对耕地地力进行了综合评价，参与这次评价的耕地总面 6.85 万 hm² 划分为 4 个等级，一级地 1.47 万 hm²，占耕地面积 21.5%；二级地 2.01 万 hm²，占耕地面积 29.34%；三级地 1.85 万 hm²，占耕地面积 26.97%；四级地 1.52 万 hm²，占耕地面积 22.19%；一级地属高产田土壤，二级、三级为中产田土壤，四级为低产田土壤。

按照《全国耕地类型区耕地地力等级划分标准》进行归并，现有国家六级、七级、八级地，其中六级面积 14 724.13hm²，占耕地面积 21.5%，七级地 38 575.9hm²，占耕地面积 56.21%；八级地面积 15 200.5hm²，占耕地面积 22.19%。

（4）数字化成果图：①行政区划图；②土地利用现状图；③土壤图；④耕地地力等级分级图；⑤采样点分布图；⑥大豆适宜性评价图；⑦氮磷钾施肥分区图；⑧养分分级图。

对耕地耕层土壤主要理化属性及其时空变化特征进行了分析，比较、归纳了不同土壤属性的变化规律，发现土壤养分变化特征为，土壤全氮含量呈下降趋势，速效钾没有明显变化，有机质略有下降，而土壤有效磷则上升；通过对 kriging（克吕格）插值法、样条函数法、距离权重倒数法在不同空间尺度下土壤养分含量的插值效果及按不同土壤特性对合理采样密度的分析，发现 kriging 插值法与距离权重倒数法的插值精度要比样条函数法高，插值结果的离散程度比实际测定值小，样条函数法插值结果的离散程度较大；合理的采样密度与土壤利用类型和养分元素含量的变异大小有关；土壤有效磷的插值误差最大，pH 的插值误差最小，速效钾和容重插值误差居中。因岭南生态农业示范区辖区面积大，耕地面积占比小，大部分耕地在山坡上，在差值的过程中统计的不是很准确，还有待于进一步完善。

第一章 自然与农业生产概况

第一节 自然与农村经济概况

一、地理位置与行政区划

岭南生态农业示范区地处黑龙江省北部，大兴安岭东麓，西、南与内蒙古自治区鄂伦春自治旗接壤，东与黑龙江省嫩江县相邻，北与大兴安岭地区松岭区接壤。区域条件优越，交通便捷。境内水系均为嫩江水系，主要河流有多布库尔河、那都里河、古里河等。多布库尔河达斡尔语为宽阔、美丽的河，发源于伊勒呼里山南麓，向南流经松岭林业局注入嫩江。河宽 40~80m，水深 1~3m，全长 329m，流域面积 5 490km²，年流量为 104 亿 m³，为长流河。多布库尔河有北多布库尔河和西多布库尔河等 16 条主要支流；古里河有大、小古里河等 11 条主要支流。境内河流纵横密布，水源丰富。嫩江较大的支流甘河流经该区域。

2009 年 4 月，大兴安岭地委、行署、林管局以原林田公司为基础组建岭南生态农业示范区，接管加格达奇林业局、松岭、地区农委、加格达奇区等 7 个单位的 1 179 家农场。2010 年完成播种面积 69 333hm²，其中，大豆 37 446hm²，马铃薯 1 133hm²，小麦 16 666 hm²，总产实现 17.64 万 t，实现产值 27 500万元。年化肥投入折纯总量达 5 200t。该区主要土壤类型有 4 个，其中，暗棕壤面积占总耕地面积比例最大，达到 44.23%，pH 值多在 4.82~7.68，施用有机肥和化肥对耕地土壤及作物影响较大。多年来，耕地质量经历了从盲目开发到科学可持续利用的过程，适时开展耕地地力评价是发展效益农业、绿色生态农业、可持续发展农业的有力举措。

该区域包括松岭区及加格达奇区两个行政区，划分为甘多管理区、古里河管理区、中兴管理区、大子杨山管理区、沿江管理区、白音河管理区等 6 个管理单位，总面积 18 700 km²，东西长 180km，南北长 120km，有汉、满、蒙、回、鄂伦春、达斡尔、朝鲜等 10 多个民族，总人口约 20 万人，人口密度 11.5 人/km²（图 2−1）。

二、地质与地貌

（一）地质

伊勒呼里山绵延南伸的两条低山丘陵组成，西北高，东南低，海拔高度一般为 400~800m，最高峰达 1 302m，最低处 370m，平均海拔 556m。山阳坡坡陡而短，山阴坡坡缓而长，平均起伏在 194m，坡度级分布为 0~5°占 43.2%，6°~15°占 47.4%，16°~25°占 8.4%，26°以上占 1.0%，平均坡度为 10.3%。该区域构成于新华复构造体系第三隆起带—

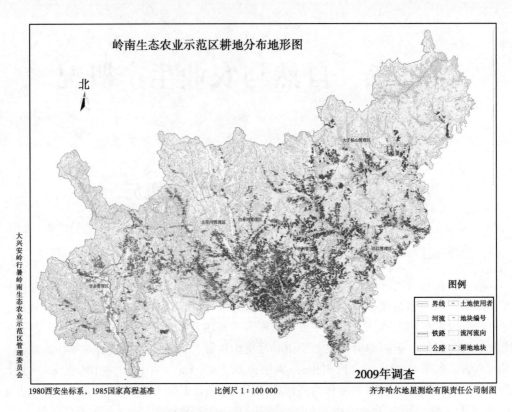

图 2-1　岭南生态农业示范区区划

大兴安岭隆起带北端，北纬43°以北的东北海褶皱带的伊勒呼里山东西褶皱山系南侧，形成了断裂构造。区域内最古老成土基岩是以花岗岩为主，其次有玄武岩、石英粗面岩、片麻岩、沙岩、安山斑岩及酸性岩等构成，个别地区还有小面积蛇纹岩，是由杆栏岩和辉杆栏岩变质而成。岩石风化程度较慢。全区的山脉以伊勒呼里山及其延伸的21条山峰组成。伊勒呼里山系大兴安岭北支，别名顺松子岭。该山系纵观全貌是一个山顶浑圆、北侧平缓，南侧陡峻的山岭。由西向东折向东南，蜿蜒于嫩江与呼玛之间。

主要河流简介如下。

甘河：嫩江支流，发源于大兴安岭山脉东侧沃其山麓，海拔1 197m。呈西北——东南流向，经内蒙古自治区呼伦贝尔市莫力达瓦达斡尔族自治旗、鄂伦春自治旗，于黑龙江省嫩江镇附近汇入嫩江。主要支流有克一河、吉文河、嘎仙北无名河、阿里河、奎勒河等。河流长约446km，流域面积为近2万 km²。支流中阿里河发源于伊勒呼里山南侧，河长124km，流域面积约2 183km²。甘河流域大部分处于山地之中，原始森林密布，草木茂盛，大兴安岭呼伦贝尔特产丰富，水源涵养条件好，甘河流域形状像一条长带，宽度比较均匀。甘河在阿里河河口以上的河段，两岸高山耸峙，山高谷深，河谷狭窄，宽度在1 000~1 500m，河谷在阿里河河口至大杨树河段这一段中，高度略有降低，河谷变宽，在3 000~4 000m，在大杨树至葛根河段，河谷平缓，深度变小，宽度在4 000~5 000m。在葛根河至柳家屯河段，河谷变得十分狭窄，宽度在1 000m左右。自柳家屯河段以下，河水进入了冲积平原，河道渐宽，河水流速减缓，直至汇入嫩江。

多布库尔河：达斡尔语为宽阔、美丽的河，发源于伊勒呼里山南麓，向南流经松岭林业局注入嫩江。河宽 40～80m，水深 1～3m，全长 329m，流域面积 5 490km²，年流量为 104亿 m³，为长流河。多布库尔河有北多布库尔河和西多布库尔河等 16 条主要支流；古里河有大、小古里河等 11 条主要支流。境内河流纵横密布，水源丰富，但河流普遍河床狭窄，河道弯曲，两季洪水横溢，航运价值有限。

那都里河：发源于伊勒呼里山南麓，全长 186km，由西北流向东南，流域面积 5 409 km²，注入嫩江。古里河是那都里河最大的支流，河道长度 157km，流域面积 2 879km²。

嫩江：源出大兴安岭支脉伊勒呼里山，南流在嫩江县以上接纳大兴安岭东坡和小兴安岭西坡流出的许多支流，河水清澈。出山后进入松嫩平原，在扶余县三岔河附近与第二松花江汇合后东流入松花江。长 1 300km，流域面积 283 000km²。嫩江上游有多年冻土带分布。河流有 4 个月冰期，江轮可航至齐齐哈尔。嫩江流经坡度很缓的松嫩平原，河道曲折，形成许多湖泊、沼泽。春季融雪和夏秋多雨时常有水患。河源区为著名的大兴安岭山地林区，森林密布，沼泽众多，河谷狭窄，河流坡降大，水流湍急，水面宽 100～200m，河道比降14.2‰，河流为卵石及沙砾组成。河源区以下，江道逐渐展宽，河道比降 3.1‰～3.6‰，相继有支流汇入，水量增大，河谷宽度可达 5～10km。

（二）地貌

岭南生态农业示范区的地貌骨架，是燕山运动、喜马拉雅运动与新构造运动造成的。在白垩纪到第三纪初，地壳相对稳定，经历了一个全面准平原化时期，后期的垂直上升与伴之而来的侵蚀作用形成了现代呼玛地貌轮廓。

岭南生态农业示范区位于大兴安岭隆起带东侧，属伊勒呼里山山地地带。伊勒呼里山由西北向东南走向，控制呼玛全境，构成西高东低、北高南低的特征，形成西北向东南逐渐降低的地貌形势。

全区以低山丘陵为主，山势起伏，河流狭窄，坡陡流急，横向切割明显。气候属大陆性寒温带湿润区，低温与水分相作用利于冻土的生成，冻土地貌类型较为齐全。地势特点和地貌特征划分 4 个地貌区。

河谷平原：包括古里河、那都里河、多布库尔河沿岸小平原。由于大兴安岭和伊勒呼里山脉的余脉直抵黑龙江边，致使平原狭窄，为断续性的小块平原，海拔高度一般在 500m 以下。因历次地质运动的作用和河流水系的切割作用，形成了低山丘陵河谷阶地小平原地貌。

低山丘陵河谷阶地区：在多布库尔河、那都里河及其小支流的切割作用下，形成河谷阶地小平原地形。这一区域东侧为大兴安岭余脉所形成的低山丘陵，西侧为伊勒呼里山余脉，形成了西高东低、中间较平的狭长地带的自然地貌特征。

低山丘陵漫岗区：位于岭南生态农业示范区西南部，为大小兴安岭的交界处，有嫩江水系的嘎拉河、加格达河、二根河和呼玛河支流古龙干河流经这一区域。地势起伏变化相对较小，为低山丘陵，河谷西侧阶地连接着较大面积的漫岗地，形成大面积草原并有永冻层分布，冻土地貌特征明显。

低山丘陵区：位于岭南生态农业示范区西部和北部，有呼玛河支流倭勒根河、吉龙河、绰纳河等河流，由西向东流入呼玛河，形成山势起伏、坡陡流急、河谷狭窄的低山丘陵地貌形态。这一区域有永冻层与季节冻层，形成泥流阶地与小丘地形。受冻融作用形成冻丘与地裂、冻土地貌很明显。

三、土壤与植被

（一）此次调查中土壤情况

岭南生态农业示范区耕地土壤类型主要有 4 个土类，即暗棕壤、黑土、草甸土、沼泽土，土类下分 10 个亚类。由于成土因素及成土过程的差异，各类土壤肥力特点和生产能力各不相同。通过几年的测土配方施肥及耕地地力调查，采集大量数据、查找有关土壤分类资料，对照土壤分类检索表，挖掘土壤剖面 40 多个，聘请专家，完善了岭南生态农业示范区四大土类的土属、土种初步分类工作。定位原土种 22 个，合并为省土种为 18 个，下面是有代表性的土种简介如下。

（二）岭南生态农业示范区土壤主要分为四大类

1. 暗棕壤土类

暗棕壤是在森林长期作用下形成发育的，植被生长茂密，每年有大量的凋落物。以有机质和灰分形式参加土壤形成过程，是暗棕壤化过程的物质与能量来源。暗棕壤分布于山地丘陵及部分漫岗阶地上。母质为各种火成岩。沉积岩上发育的硅铝残积或堆积风化壳，有良好的内外排水条件，这些综合自然因素，对暗棕让形成与生产能力的发展均起一定影响。这类土壤的形成和发育与林型关系密切。由于林型不同和地形、母质影响，水分状况差异，各亚类可在相应部位出现。

（1）暗棕壤亚类。这一亚类比较正常地反映了暗棕壤化程度。它分布在各种基岩与除沟谷底部，水线两侧外为各种地貌上均可发生。一般是地形坡度稍大或母质松散。排水良好的花岗岩风化层上最为典型，林被主要是柞、黑桦、杨。成土过程是棕壤化与森林腐殖质化综合作用。

（2）白浆化暗棕壤亚类。这一亚类形成过程是以棕壤化成土过程为主与次要成土过程白浆化过程共同作用下产生的。主要分布于地势平缓的坡地、漫岗上部，平顶山及平原的某些地段。母质以第四纪冰水沉积物、洪积坡积物、黄土状物质为主。

主要林型有落叶松林、落叶松与白松混交林或白桦纯正林。白浆化暗棕壤是森林植被长期作用的结果。由于森林凋落物的缓慢分解，季节性冻融或底层透水不良，引起土壤滞水，铁锰被还原淋洗，土壤中因而发生白浆化过程。这一亚类是落叶松的良好生产基础。

（3）草甸暗棕壤。草甸暗棕壤主要分布与平缓的地形上，多为坡脚或河谷阶地。植被多为次生阔叶林或疏林草甸植被。表层为富含腐殖质的暗灰色黏壤土，略有团粒结构。表层以下为 AB 层，呈灰棕或灰色，团块结构，在向下为棕黄色的 B 层，在此层中常出现有铁锈、铁锰结核或灰色条纹，具有草甸过程的特征。腐殖质层较厚，有机质含量较高，呈微酸性反应，盐基饱和度较高，铁的还原淋溶较强，但黏粒移动弱，黏粒在剖面中分化不明显。

2. 黑土土类

黑土是主要的宜农土壤，分布于丘陵漫岗阶地，坡地上成断续片状分布。黑土的水分状况为地表湿润淋溶型。黑土的形成作用主要是腐残质累积与还原淋溶而腐残质的累积是同草甸植被密不可分的是牙齿甸植被下的产物。但该区是以林为主，森林与草甸植被常常相互演替，形成黑土与暗棕壤间的一系列过渡类型。

（1）黑土亚类。土壤母质为花岗岩风化物—坡积物，质地为重壤土，团粒结构。C 层黄棕色，有黏化特征，可见小铁锰结核及二氧化硅粉末，全剖面无石灰反应。土壤养分充足，储量较高，后劲足。不理因素是地温较低，特别是春季地温回升慢，不利于幼苗生长，易受晚霜危害，土壤水分状况不协调，水土流失严重。

（2）草甸黑土亚类。这种黑土多分布在森林边缘的低山丘陵区，洪积物上部与山麓坡地，多为森林砍伐迹地和火烧迹地，母质为壤质或砾质沉积物。由于森林砍伐时间不长，虽然也生长五花草塘与灌丛草甸，累积了明显的腐殖质，但黑土层较薄，黑土层以下仍然可见暗棕壤的棕色心土层，这一亚类的成土过程是腐殖质化作用与轻度还原淋溶，并有暗棕壤的残留特征。草甸黑土表现是：暗棕壤与黑土的过渡类型。由森林向草甸植被的转化，也是自然肥力更攀的过程，对于作物生长来说也就是土壤养分不断提高的过程。草甸黑土富含有机质层甚薄，易于遭受侵蚀，在开垦利用中应注意水土保持。

3. 草甸土土类

草甸土是直接受地下水影响，在草甸植被覆盖下发育而成的一种半水成型土壤。主要出现在平原，低地及河湖漫滩，呈狭窄的带状贯穿在各种地带性土壤中。沿岸草甸土的母质多为冲积、沉积物，地区性差异明显。江河两岸的母质质地变化较大，因水流分选作用，而有沙有黏，甚至出现沙黏间层，所以，各地草甸土的肥力差异很大。

4. 沼泽土土类

沼泽土是土壤季节性积水或长期积水，在沼泽植被下发育而成的一种水成型土壤。主要分布于河谷中的泛滥地、山间沟谷洼地及平原中的低洼地区。此外，在母质黏重排水极差的漫岗下部也有零星分布。植被类型很多，主要有沼泽化草甸，塔头沼泽。由于地形低洼和常年积水，所以，地温偏低，局部地区有永久性冰层存在，冷空气易于下沉常遇早霜。这类土壤形成的主导过程是泥炭化和还原化。

（1）草甸沼泽土亚类。这一亚类多分布于河漫滩较高部位与丘陵河漫滩间的交接地段，植被为有塔头的杂草类草甸，除洪水季节有积水外，一般情况下不受地表水影响。但地下水位较高，常年受地下水浸润，这一亚类成土过程是泥炭腐殖质化与还原作用。即在泥炭化过程中有腐殖质化作用参与，形成较厚的根系盘结层。但植被残体又不能完全分解，这种土壤的层次是根盘层、腐殖质泥炭层、淀积层与潜育母质层。这种土壤如能防洪与排水，可开辟为农田。

（2）泥炭沼泽土亚类。这一亚类主要分布于牛轭湖地段与水线两侧以及交接洼地的底部，地势低洼，常年或一年中绝大部分时间积水。母质为冲积——淤积物，较黏重，植被纯为塔头苔草，小叶樟，生长茂密。由于长期积水，地温低，地面有大量锈色淤泥沉积，丰富的植被残体在厌氧条件下分解造成大量泥炭累积，形成泥炭沼泽土。这一亚类的形成是泥炭与潜育化共同作用的结果。其基本发生层次是泥炭层、潜育层与母质层。

（三）植被

野生植物资源中的浆果类有笃柿（都柿）、草莓（高粱果）、野玫瑰果（刺玫果）、稠李子、蓝靛果等，是酿酒、制饮品的天然原料。草莓已有少量家庭移栽，生长良好。榛子为本地又一特产，浅山疏林坡地多有生长，是食用干果中的佳品。每年秋柞树结籽就是橡子，成熟落地，采集方便，加工后做牲畜饲料。每年6月是盛产野菜季节。蕨菜遍山皆有生长，20世纪80年代曾出口外销。金针菜（黄花菜）多生长在草甸、半山坡地，每至暮春，黄花遍地，为人们所喜食。另有可食用的山野菜数十种，婆婆丁（蒲公英）、山芹菜、柳蒿芽等最常见。每年进入立秋，雨水偏多，是各种食用菌类生长的好季节。黑木耳、猴头蘑、桦树蘑、榛蘑、草蘑、花脸蘑、松茸和珍贵稀少的毛尖蘑，是人们餐桌上的佳肴。野生黑木耳多被家庭人工育耳所代替。蘑菇的主要品种也多进入人工培植阶段。

药用植物：野生药用植物约 240 余种，分布广，产量大。强壮滋补类的黄芪、黄精、沙参、百合、川续断；利尿逐水类的车前、瞿麦、火绒草；止咳平喘类的桔梗、紫苑、杜香、杜鹃、独行菜；理血类的赤芍、益母草、元胡、景天、接骨木、地榆、龙胆、白藓、小蘖、祁州漏芦。常用中草药还有防风、白芷、黄芩、荆芥、独活、威灵仙、秦艽、五味子等。珍贵药材有草丛蓉、手掌参、一轮贝母、松杉灵芝、杂色云芝、猴头菌等。

纤维饲料：境内常见的纤维植物主要有草本类的大叶章、小叶章、射干、芦苇、野古草、羊胡子、苔草、柳兰等；灌木类有胡枝子及各种灌木柳；乔木类的有山场、甜杨、钻天杨。野生纤维植物在境内分布普遍，蕴藏量大，应用范围很广泛，主要用于纤维、纸浆、编织和包装用品等。除此以外，还可以利用大部分草本植物、兰科植物和杨、柳、榆、桦等乔本植物的叶，适宜大力发展牛、羊、兔的养殖业。

单宁植物：单宁植物亦称鞣料植物，其浸膏即为"栲胶"，是皮革工业的重要原料，并用于蒸汽锅炉的软化水剂和纺织印染、医药工业。境内除兴安落叶松、樟子松、云杉等树皮可提取单宁外，还有种群庞大的杨柳科植物、牻牛儿苗科植物、蔷薇科植物都含有大量单宁。主要种类有：白桦、蒙古栎、金老梅、蒿柳、五蕊柳、赤杨、酸模、姜陵菜、地榆、鼠常草、老鹤草、柳兰等。

芳香油植物：从植物中可提取食品、化妆和医药等工业用芳香油类原料的野生植物主要以杜鹃科、唇形科、柏科和菊科植物为主，有兴安杜鹃、狭叶杜香、裂叶荆芥、黄芩、百里香、兴安桧以及菊科等，还有百合科的毛百合、玲兰等。

油料植物：岭南生态农业示范区境内可提供油料的野生经济植物种类分布广产量大。可提取甘油、乙醚各种脂酸的混合物；按其价值分为干性油、半干性油、不干性油 3 种，油脂分食用、药用、工业用。主要含油类植物有：兴安落叶松、樟子松、榛子、胡枝子、接骨木、播娘蒿、苍耳、分叉蓼、牻牛儿苗、山野豌豆、越橘等。

饮料、色素、果酒植物：食用植物资源在境内分布丰富，以食用果品、真菌和野菜种类较多，蕴藏量也较大。

区域内主要特产有越橘、都斯越橘产量最高，其次有蓝靛果忍冬、稠李子、茶藨子、东方草莓等，其营养物质丰富，是加工饮料、果酒、果酱及提取天然色素的良好原料。食用野菜及真菌类有：蕨菜、薇菜、黄花菜、蒲公英、草蘑、油蘑、猴头、木茸、桔梗、沙参等。

其他经济植物资源。

蜜源植物：主要有胡枝子、地榆、悬钩子等蜜源植物。其次为牻牛儿苗、姜陵菜、升麻及蒿属等。

淀粉植物：主要有蒙古栎、玉竹、黄精、毛百合、沙参、姜陵菜、蕨等。

食用树液植物：主要有白桦、黑桦、岳桦，从树干提取汁作为原料，经加工配料后可酿制成饮料。

四、自然气候与水文地质条件

（一）水文地质条件

岭南生态农业示范区内的河流均发源于伊勒呼里山地，均属嫩江水系，分布于嫩江左岸，较大的一级支流有甘河、多布库尔河、那都里河等河流，年径流深由北部250mm降至50mm。地下水资源非常丰富，天然水质基本性状良好，属于重碳酸盐类水的中性水质。矿化度不高，总硬度不大，pH值接近中性，主要离子钙、镁等含量比较适度，泥沙杂质少，透明度好。地下水埋藏深度随地势高低而不同。丘陵地区丘间洼地中部小于10m，向边缘增至30m。在波状起伏平原地区，波谷地下水埋深小于10m，波峰地下水埋深小于30m。

（二）气候条件

1. 气候特征

岭南生态农业示范区地处北温带北部边缘，属于寒温带大陆性季风气候，是全国气温最低的地区之一。冬季受西伯利亚高压气团的控制，气候寒冷、干燥而漫长，积雪覆盖地面达6个月。进入1—2月，极端最低气温在－40℃为多见，早晚冰冻雾弥漫，晴空霰雪飘飘。春季由于受冬季季风影响，冷暖空气处于对峙阶段，致使冷暖变化强烈，多风少雨而干燥，及至仲春才逐渐回暖并稳定下来。夏季受东南季风影响，雨量充沛，降水集中，气候湿热，太阳辐射增强。秋季因受西伯利亚冷空气频繁活动的影响，冷空气势力逐渐增强，日照渐短，太阳辐射逐渐减弱，日温变化幅度增大，气温开始降低，降水集中，易发生内涝及洪水灾害。四季变化交替界限不很明显，冬夏昼夜长短相差悬殊，可概括为：春短夏短秋也短，寒冷季节近半年。冬至昼短黑夜长，夏至前后不夜天。也可称之为："长冬无夏，春秋相连""冬夜长，夏夜短，昼夜时差温差大，节令气候到得晚"。

划分四季的依据：按全国气候的四季划分，该区属于长冬无夏春秋相连气候带。但我们采用相似气象和历法分季法，结合物候物象，农事活动，平均气温低于0℃为冬季，平均气温17℃以上为夏季，其间为春秋季。

2. 四季气候变化的特点

春季多风气温低，夏短多雨温差大，秋季凉爽霜期早，冬长严寒而干燥。春季的前春仍在冬季季风控制下，冷暖空气处于对峙阶段及变化剧烈，并逐渐回升而稳定。4月上旬冬雪已全部融化，土壤开始解冻，气温稳定通过0℃在4月16日，4月平均气温是3.0℃，5月平均气温是11.3℃。春季节干旱，降水量少，仅占全年降水量8%，并多为雨雪交加过程。30年中春季降水正常年份占50%，旱季占23%，涝季占27%，并在4月中旬至5月中旬出现≥10mm的降水有27次（4月11次、5月16次），使春播拖延，特别影响适时播麦。春季多南风，风速是全年最大季节，平均风速3.0m/s以上，平均大风日12天左右，一次大风过程持续时间长达4~6天。终霜期在5月中下旬，季日照时数为498.4小时，占可照时数的56%。

夏季由于太阳辐射和暖空气气势力增强，自6月气温上升迅速，7月气温是全年最高月，平均为20.1℃，比6月高3.1℃，6月和8月气温相等。年均≥35.0℃气温为0.5日，最高年份出现4日，≥30.0℃气温出现在6月7日至8月9日间，极端最高气温达40.0℃。7月、8月降水量均衡，占全年43%，7月及8月为全年降水量的峰值月，均在110mm、100.3mm最多达228.6mm，最少年24.2mm，蒸发量较大的是春末夏初。夏季多阵雨或雷阵雨天气，不同年份有冰雹出现；本季日照时数可达663.8小时，占全年25%。

秋季太阳辐射逐渐减弱，冷空气势力随之侵入，晚秋气温急剧下降。9月比8月平均气温下降7.4℃，10月比9月平均气温下降7.3℃，第一场秋霜出现在9月中上旬，下旬最低气温可达0℃以下，昼夜温差大。季降水量118.1mm，占全年25%。由于降温、季蒸发量减少，常出现连阴雨天（季降水量≥0.1mm 日数 25.1），往往产生秋涝，在 20 年中有 8 年秋涝。10 月上中旬是雨雪交加季节，下旬冬雪覆盖期便开始。

冬季地面接收太阳辐射热量少，光照时间是逐渐减短和延长期间，并受西伯利亚冷空气控制，天气晴朗，严寒而干燥。9 月下旬至 10 月中旬、4 月 1 日至 5 月上旬的降雪期中，为雪雨交错期，并在几日内融化，对塑料棚生产不利；10 月下旬至翌年 3 月末，达 170 天为冬雪的覆盖期。年最大雪深 45cm。最冷出现在 1 月，平均气温 –22.2℃，风速很小，平均风速仅 1.6m/s 以下，全季降水量仅 35.9mm，占全年降水量 8%。季日照时数 889.5 小时，12 月仅 120 小时。土壤稳定封冻期为 10 月 22 日，江河封冻期为 11 月中旬，年最大冻土深度 2.81m（除永冻层之外）（表 2 – 1）。

表 2 – 1 气象资料

年份	平均温度（℃）	降水（mm）	风力达 8 级或以上日数	冰雹日数	日照（小时）	平均风速	初霜期（日/月）	无霜期（天）
1997	– 2.3	652.6	23	4	2 707.1	2.05	11/9	117
1998	0.8	622.059	26	4	2 580.1	1.93	9/9	115
1999	– 6.3	624.6	28	2	2 630.9	2.09	3/9	105
2000	– 3.9	507.4	24	0	2 732.6	2.01	5/9	110
2001	– 1.4	383.07	3	1	2 598.2	2.08	8/9	112
2002	8.9	436.28	3	1	2 647.7	2.05	10/9	115
2003	2.1	597.16	5	1	2 370.3	1.98	8/9	117
2004	2.2	554.4	7	1	2 571.0	2.06	3/9	118
2005	1.9	359.7	2	2	2 527.6	2.23	8/9	114
2006	– 9.9	583.4	2	0	2 467.8	2.08	31/8	110
2007	– 7.9	558	1	1	2 640.8	2.03	3/9	116
2008	– 5.8	567.7	2	1	2 567.6	2.13	3/9	113
2009	1.7	660.3	1	1	2 576.7	2.07	5/9	115
2010	– 2.0	543.3	1	1	2 506.0	2.03	12/9	120

3. 日照和太阳辐射

年平均日照时数为 2 580.3 小时，是可照时数 4 463.3 小时的 58%。在作物生长发育期中的 5—9 月，日照时数为 1 077.6 ~ 1 421 小时，日照百分率为 53% ~ 56%，可照时数最长的 7 月是最短 12 月的 2 倍，日照时数最长的 6 月是 12 月的 2.3 倍。最长日可达时数 17 小时，最短日照时数 6 小时（表 2 – 2）。

表 2 – 2 各月日照资源调查情况

月份	日照时数（小时）	可照时数（小时）	日照率（%）	总辐射
1	158.4	259.8	61	32
2	196.0	278.2	70	55
3	242.3	366.5	66	94

（续表）

月份	日照时数（小时）	可照时数（小时）	日照率（%）	总辐射
4	233.2	414.5	56	110
5	265.1	482.4	55	137
6	270.6	495.2	56	146
7	263.5	498.4	53	136
8	247.4	451.1	55	118
9	202.5	379	53	88
10	198.2	330.6	60	61
11	159.1	266.2	60	35
12	120.7	244.6	50	22
全年	2 563.7	4 466.3	57	1 034

4. 气温

年平均气温为 -2℃，年际间变化较大，从 -4 ~ -0.1℃，变差为 -3.9℃。全区总的气温趋势是由南向北逐渐降低（表2-3）。

表2-3 月平均气温对称情况 （单位：℃）

月份	7	6	8	5	9	4	10	3	11	2	12	1
温度	20.1	17.0	17.7	11.3	10.4	3.0	0.8	-8.5	-12.3	-18.1	-20.8	-22.2

月平均气温年较差为 42.2℃。极端最低气温为 -45.4℃，出现在1980年；极端最高气温为 40.0℃，出现在2010年；年均气温为 -1.5℃。最低气温≥ -40.0℃，年平均9次，其中，12月出现占26%，一月份出现占58%，2月出现占16%。日最低气温≥ -30℃，从11月28日至3月6日，初终间隔日数98天，最高气温极值出现在7月。

全年6—8月气温高，最高是7月，月平均20.1℃，常因受冷空气影响，这个季节易出现阶段性低温冷害，对大豆（其他大田作物）和山间河谷低洼地带小麦发育极为不利，对野生山果（笃斯越橘、榛子等）生育极为不利。9月气温下降，上、中旬出现秋霜，10月上中旬出现霜冻及冻土、封江河、冬雪覆盖大地。

在12月、1月、2月经常出现 -42 ~ -40℃的极端低温，而在6月、7月、8月则经常出现 30 ~ 33℃的极端高温天气。年度气温的一般规律是：3月是气温由冷变暖的交错过程，月初气温逐渐升高，冬雪开始融化。4月大地开始解冻，气温继续升高，4月上旬即可以播种小麦。5月初河流开始流冰。6月初终霜。其后至8月多为高温天气。9月气温开始下降，雨水减少，9月中旬即开始出现秋霜。10月气温明显降低，天气渐冷，10月中旬以后大地封冻，一般河流全部封冻结冰。此时，温度冷暖交替变化，之后越来越冷，进入寒冬季节（11月开始至翌年2月）。

5. 无霜期

全区无霜期85~110天，历年平均终霜是5月26日，初霜9月13日。由于受山区小气候影响，大子杨山管理区终霜在6月上旬，初霜在8月下旬出现，古里河管理区和中兴管理区终霜在5月下旬，初霜在9月中下旬出现。

6. 土壤温度变化

从土壤温度监测看出4月地温阶段性升高，表层变化明显，10cm土层温度逐渐升高，5月不同深度的土层温度升高明显，6月日变化较大，7月土壤温度平稳略有下降，这与2010年的6月高温有关。

7. 降水

全年降水量从383.7~660.3mm，平均降水量546.4mm，其中，601mm以上占28%，500~600mm占43%，500mm以下占29%。季节和月份降水量分布极不平均。7月、8月降水量均衡，占全年43%，6—9月占全年75%，1—3月和11月、12月仅占全年降水量的8%，形成典型的夏季雨热同季，冬季干燥严寒的特征，全年日降水量≥0.1mm的平均日数114.3天，≥10mm64.5天，≥20mm13.1天，≥25mm的2.8天，≥50mm的0.2天，各月最长连续降水日数达14天（其量达145.6mm）。7—8月降水集中；多以阵雨出现。秋季雨量大而集中，易引起江、河泛滥；极不利于秋收。各月最长连续无降水日数出现在冬季。全年降雪期从9月下旬至翌年5月，平均达220天。9月下旬至10月中旬、4月1日至5月上旬的降雪期中，为雪雨交错期，并在几日内融化，对设施农业生产不利；10月下旬至翌年3月末，达170天为冬雪的覆盖期。年最大雪深42cm。

8. 风速风向

全年盛行北风和西北风，但各季风向频率变化很大，冬季由于受强大的蒙古高压影响，西北风频率大；春夏季受东南季风的影响，多南风和西南风。

风速以春季平均风速大，冬季平均风速最小。年平均风速为2.5m/s，曾出现过瞬间最大风速24m/s（表2-4）。

表2-4 各月平均风速 （单位：m/s）

月份	1	2	3	4	5	6	7	8	9	10	11	12	年均
平均速度	1.62	1.73	2.38	2.70	2.74	2.21	1.93	2.06	2.15	2.24	1.61	1.32	1.9

五、自然资源概况

（一）植物资源

（1）木贼科：问荆、木问荆、兴安木贼、木贼、水下贼。

（2）蕨科：蕨（蕨菜）。

（3）山毛榉科：柞栎（蒙古栎）。

（4）榆科：榆、裂叶榆。

（5）桑科：葎草。

（6）蓼科：扁蓄蓼（扁珠芽）、东方蓼、香蓼、酸模叶蓼（酸浆）、本氏蓼、兴安蓼、洋铁叶酸模（洋铁叶）。

（7）藜科：轴藜、萎藜、小黎（灰菜）、兴安虫实、木地肤。

（8）苋科：苋菜。

（9）马齿苋科：马齿苋。

（10）石竹科：毛轴蚤缀、麦先翁、东方石竹、兴安石竹、环留行、兴安女娄菜、女娄菜、构筋麦瓶草。

（11）毛茛科：尖萼楼斗菜、升麻、单穗升麻、芍药、山芍药。

（12）防卫科：蝙蝠葛。

（13）木兰科：五味子。

（14）罂粟科：白屈草、齿瓣适胡堇、兴安紫堇、米果柴堇、北紫堇。

（15）十字花科：重果紫堇、甘蓝、山葶苈、北独行菜、荒野独行草、诸葛菜。

（16）景天科：瓦松、兴安景天、长茎景天、北景天、狗景天、落新妇、东邻八仙花、唢呐草、东北山梅花、山梅花、兴安菜。

（17）蔷薇科：柳叶秀线菊、细叶委陵菜、委陵菜、北委陵菜、叉叶委陵菜、小白毛委陵菜、翻白委陵菜、伏委陵菜、鹅绒委陵菜、刺梅蔷薇、兴安悬钩子、绿叶悬钩子、小白花地榆、地榆、圆柱穗地榆、山杏、珍珠梅。

（18）豆科：野大豆、山岩黄蓍、兴安黄蓍、斜茎黄蓍、短萼鸡眼草、五脉山黧豆、大豆、胡枝子、兴安胡枝子、细叶胡枝子、紫花苜蓿、野苜蓿、草木樨、白花草木樨、黄花草樨、苦参、野火球、歪头菜、山野豌豆、东方野豌豆、贝加尔豌豆、广布野豌豆（落豆秧）。

（19）牻牛儿苗科：鼠掌草、毛蕊老颧草。

（20）亚麻科：野亚麻。

（21）远志科：瓜子金、远志。

（22）大戟科：铁苋菜。

（23）水马齿科：沼生水马齿。

（24）卫矛科：桃叶卫矛。

（25）凤仙花科：水金风。

（26）锦葵科：野西瓜苗、冬葵。

（27）屈草科：毛层菜。

（28）五加科：刺五加。

（29）伞形科：独活、大叶柴胡、柴胡、香芹、东北茴芹、柳叶芹、狭叶泽芹、防风、白石防风、兴安牛防风。

（30）杜鹃花科：笃斯越橘、越橘。

（31）报春花科：点地梅、丝点地梅、黄莲花、狼尾巴花、珠尾花、樱花。

（32）龙胆科：粗糙龙胆、剪割龙胆、大叶龙胆、东北龙胆、睡菜、藜芦獐东菜。

（33）花葱科：花葱。

（34）萝摩科：徐长卿。

（35）紫菜科：附地菜、北附地菜、草原勿忘草。

（36）唇形科：风轮菜、北青兰、香薷、兴安益母草、益母草、地瓜苗、狭叶地瓜苗、兴安薄荷、野薄荷、兰萼香茶菜、尾叶香茶菜、东北裂叶芥、水苏、毛水苏、夏枯草。

（37）旋花科：宽叶打碗花。

（38）车前科：车前（车轱辘菜）、平车前、长柄车前、毛车前。

（39）茜草科：砧草、林茜草、伏茜草。

（40）忍冬科：长尾接骨木。

（41）败酱科：败酱、岩败酱。

（42）萝卜科：蒙古山萝卜。

（43）桔梗科：锯具沙参、长白沙参、轮叶沙参、紫斑风玲草、轮叶党参、山梗菜、桔梗。

（44）菊科：毛沙狗娃花、紫碗、东风菜、北鸡儿肠、裂叶蒿、臭蒿、蒙古蒿、水蒿、万年青（青蒿子）、东北牡蒿、牡蒿、东北茵陈蒿、黄蒿、艾蒿、宽叶山蒿、关苍术、牛黄、扫帚鸡儿肠、蒙古鸡儿肠、狼巴草、羽叶鬼针草、飞廉、兔儿伞、山尖子、还阳参、小飞蓬、飞蓬、山菊、轻叶泽兰、黄金菊、伞花山柳菊、东北苦菜、日本旋复花、蹄什橐吾、金缘橐吾、北橐吾、多裂山莴苣、北山莴苣、火绒草、返魂草、宽叶返魂草、兴安毛莲草、红轮千里光、微花雅葱、菠菜廉子、伪泥胡菜、东北燕尾凤毛菊、齿叶凤毛菊、珠花凤毛菊、山牛蒡、裂叶山牛蒡、祁洲蒲芦、兴安一枝黄花、东北蒲公英（婆婆丁）、苣卖菜、苦苣菜、和尚菜、苦卖菜（鸭饲菜）、抱茎苦卖菜。

（45）香蒲科：香蒲（蒲棒）。

（46）黑三棱科：小黑三棱。

（47）泽泻科：泽泻。

（48）禾本科：毛颖芨芨草、偃麦草、羊草、野燕麦、紧穗雀麦、无芒雀麦、华北剪股颖、野古草、披碱草、垂穗披碱草、大叶樟、小叶樟、狭叶甜茅、东北甜茅、林地早熟禾、草地早熟禾、硬质早熟禾、东北看麦娘、阿穆尔看麦娘、止血马唐、芦苇、金狗尾草、狗尾草（谷莠子）、大油芒、长芒野稗、野青茅、硬拂子茅（狼尾草）、纤毛鹅观草、直穗鹅观草。

（49）莎草科：尖嘴苔草、凸脉苔草、麻根苔草、直穗苔草、细叶苔草、丛生苔草、灰脉苔草、北苔草、大穗苔草、野笠苔草、东方草莓、单穗唐松草、水葱、东方羊胡子草、长刺牛毛毡、色棉花莎草、羽毛草、中间型、毛笠莎草。

（50）天南星科：水芋。

（51）鸭趾草科：鸭趾草。

（52）雨久花科：雨久花。

（53）灯心草科：乳头灯心草、细灯心草。

（54）鸢尾科：燕子花、毛蔺、溪荪。

（55）兰科：黄束杓兰、小安兰、沼兰。

（56）百合科：山葱、山天冬、铃兰、一轮贝母、黄花菜、南玉带、野百合、二叶舞鹤草、玉竹、小玉竹、黄精、毛穗藜芦、兴安藜芦、毛脉藜芦。

（57）玄参科：柳穿鱼、山萝花、齿叶草、马先蒿、穗花马先蒿、莫旗马先蒿、大花马先蒿、阴行草、轻叶婆纳、大婆婆纳、卷马婆婆纳、长尾婆婆纳。

（58）虎耳草科：脉虎耳草、兴安虎耳草。

（二）矿产资源

矿产资源丰富，根据黑龙江省等地质部门对岭南生态农业示范区全境矿产资源的调查和勘探，有黄金、铁、铜、银、褐煤、石灰石、沸石、大理石、石英砂、石墨、珍珠岩、高岭土、云母、石棉等矿产资源。

六、自然灾害统计

(一) 旱灾

从 1986—2005 年这 19 年中，平均每 3.8 年发生一次旱灾，其中，包括春旱、初夏旱、盛夏旱和秋旱（表 2-5）。

表 2-5　1986—2005 年旱灾发生次数

年份	1986	1993	1994	2000	2007
次数	1	1	1	1	1

2007 年 8 月中旬起，岭南生态农业示范区遭受大旱，农作物减产 3 成左右。严重干旱引发多起森林火灾。

(二) 涝灾

春涝：春涝的危害程度较大。由于积雪融化与播种期相隔时间短，对春播影响极大，机械不能正常作业，播期拖后，浪费大量热量，作物未能完成整个生育过程却因早霜来临而冻死。

夏涝：夏涝年份大都伴随着阶段性低温，由于阴雨天气多，日照时数满足不了作物进行光合作用的需要，干物质得不到充分积累，延长作物生育期，因而遭受早霜危害。8 月正是麦收季节，如遇夏涝，机械不能下地作业，收获不及时，造成丰产不丰收。

(三) 低温冷害和阶段性低温

低温冷害是粮食生产的主要灾害之一，作物生育期积温不足，白天温度不高，夜间温度低，直接影响粮食的产量和质量。但小麦在低温年的产量则大大高于高温年的产量。

阶段性低温分为前期和后期，前期：即 5 月下旬至 6 月末，此期间大田作物热量要求比较高，若 6 月积温低于 450℃，就是出现了阶段性低温，若低于 410℃ 就会造成严重减产。后期：即进入 8 月以后，影响境内的冷空气活动频繁，积温变化不大，常出现明显低温，当 8 月积温低于 490℃，农作物就要受害。

(四) 霜冻灾

从 1983—2005 年 22 年中共发生了 7 次，其中，1999 年、2000 年和 2001 年受害最重。

农作物在播种、生长发育或即将成熟期，因热量不足都可发生低温冷害之灾。境内低温冷害有面积大、范围广、持续时间长的特点，也有"霜打涝洼地"的地势特征。低温冷害对农作物影响甚大，6—8 月平均气温最为关键，凡温度比正常年份的月平均气温低 1~2℃，或某 1 月的温度值低或某 1 月强低温，则构成低温冷害年。

七、农村经济概况

2009 年 4 月，大兴安岭地委、行署、林管局以原林田公司为基础组建岭南生态农业示范区，接管加格达奇林业局、松岭、地区农委、加格达奇区等 7 个单位的 1 179 家农场。示范区总面积 187 万 hm²，其中，有林地面积为 169 万 hm²，耕地 6.93 万 hm²，草地面积 6.73 万 hm²，水域面积 0.6 万 hm²，其他面积 3.74 万 hm²。

岭南生态农业示范区 2010 年完成播种面积 69 333 hm²，其中，大豆 37 446 hm²，马铃薯

1 133hm²，小麦 16 666hm²，总产实现 17.64 万 t，其中，大豆产量为 7.86 万 t，小麦产量为 6.7 万 t，马铃薯产量为 1.74 万 t，芸豆产量为 1.6 万 t，实现产值 27 500万元。

八、城乡交通通讯概况

岭南生态农业示范区交通以公路为主，加卧（加格达奇至卧都河）公路贯穿全境，古中公路和呼玛公路是区域内主要干线，防火公路、农田路遍布各管理区。区内已实现手机移动信号全覆盖，通信也十分发达。

第二节　农业生产概况

一、农业发展变化

（一）岭南生态农业示范区沿革

岭南生态农业示范区地跨加格达奇区和松岭区两个县级区，隶属于大兴安岭林业集团公司，是一个以农业为主业，工、商、运、建、服多元化经营，拥有 20 多家子公司、3 000 多名职工的新兴企业。

2009 年 4 月，大兴安岭地委、行署、林管局以原林田公司为基础组建岭南生态农业示范区，接管加格达奇林业局、松岭林业局、新林林业局、大兴安岭地区农委、加格达奇区等 7 个单位的 1 179家农场，耕地面积达到 69 333hm²。

（二）岭南生态农业示范区农业发展概述

长期的农用土地开发，虽然不可避免地破坏了许多优质草场和次生林地，但随着大量开荒迅速增加了耕地面积，有效地促进了种植业的发展，对岭南生态农业示范区壮大农村经济、实现粮食自给和发展县域经济，发挥了积极的历史性的作用。

20 世纪 90 年代初，岭南生态农业示范区开始大规模开垦。农业开发初期，由于农业生产技术落后，种植结构单一，自然灾害频发，岭南生态农业示范区农业生产面临很大困难，粮食单产水平很低。作物栽培技术虽然逐年改进，但耕种上基本仍处于管理粗放、广种薄收状态，特别是受旱涝、低温、早霜等自然因素影响较大，粮食单产和总产不高且不稳，丰年尚好，一遇灾年粮食产量便明显下降，农户经济收入有限，出现了撂荒弃耕现象。

随着国家惠农政策的逐步落实，岭南生态农业示范区的粮食产量逐年增加，大豆单产从开发初期的 50kg 以下，增加到 150kg，提高了两倍。粮食播种面积由最初的 26 666.7hm²，增加到 69 333hm²。

2009 年 4 月，大兴安岭地委、行署、林管局以原林田公司为基础组建岭南生态农业示范区，接管加格达奇林业局、松岭、地区农委、加格达奇区等 7 个单位的 1 179家农场。示范区总面积 187 万 hm²，其中，有林地面积为 169 万 hm²，耕地 6.93 万 hm²，草地面积 6.73 万 hm²，水域面积 0.6 万 hm²，其他面积 3.74 万 hm²。组建后，岭南生态农业示范区管委会以服务农户改善民生为宗旨，以提高经济效益为目标，调整农业结构，加大科技兴农力度，提高农业综合生产能力。2010 年完成播种面积 69 333hm²，其中，大豆 37 446hm²，马铃薯 1 133hm²，小麦 16 666hm²，总产实现 17.64 万 t，实现产值 27 500亿元。

二、农业生产现状

（一）农业生产水平

岭南生态农业示范区把发展粮食生产、增加粮食产量、提高粮食品质作为根本，积极引导和鼓励农民大力发展粮食生产，近些年粮食总产平均水平和单产水平迅速上升。20世纪90年代初，由于粮食价格走低、不稳和受自然灾害影响，很多耕地放弃耕种，撂荒，部分农场倒闭，使播种面积有所下降。随着国家惠农政策的实施，近几年粮食播种面积稳步增加，粮食单产、总产屡创新高。

岭南生态农业示范区粮食总产量统计统计：2004年，全区粮食总产7.38万t，2005年粮食总产达7.84万t；2006年，全区粮食总产8万t，2007年，粮食总产达10.24万t；2008年，全区粮食总产8.9万t，2009年粮食总产达8.46万t；2010年粮食总产17.64万t，2011年粮食总产17.85万t（图2-2和图2-3）。

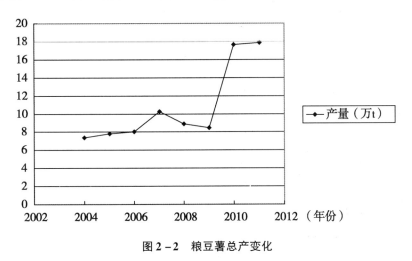

图2-2 粮豆薯总产变化

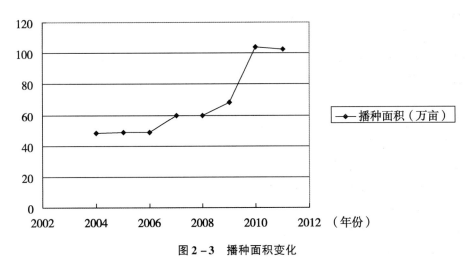

图2-3 播种面积变化

岭南生态农业示范区农业生产水平在近20年来呈上升趋势。据岭南生态农业示范区农业统计资料，2004年，岭南生态农业示范区农业总产值46 000万元，农村人均收入5 671

元，粮食总产7.38t。

种植业发展带动了牧业、林业、渔业的长足发展。根据2010年统计结果，全区生猪发展到5 185头，黄牛发展到860头，羊发展到3 965只，奶牛发展到240头，家禽发展到400 000只，畜牧业总产值4 686万元。

岭南生态农业示范区农业发展较快，与农业科技成果推广应用密不可分。

1. 化肥的应用

为适应市场需求和发展绿色农业的需要，在麦、豆和蔬菜等一些农作物的种植上，逐渐按照绿色农产品质量标准的要求，有选择地限量施用化肥，以确保绿色农产品的质量。2008年地区农业技术推广中心在岭南生态农业示范区推广测土配肥技术。在化肥应用技术施肥水平上有了明显提高，品种搭配合理，明显体现出了解本增效的效果（表2-6）。

表2-6 2010化肥销量统计 （单位：kg）

乡镇	磷酸二铵数量	尿素数量	硫酸钾+氯化钾数量	复合肥数量	总计（kg）
白音河管理区	515 119	49 850	83 084	166 167	814 220
甘多管理区	428 297	42 830	107 074	321 223	899 424
大子杨山管理区	739 659	246 553	147 932	443 795	1 577 939
中兴管理区	173 235	28 873	57 745	173 235	433 089
古里河管理区	1 023 642	113 738	189 563	492 864	1 819 807
沿江管理区	1 727 320	515 618	644 522	973 229	3 860 689

备注：磷酸二铵含氮18%，含磷46%，尿素含46%，硫酸钾含钾50%，氯化钾60%

2. 作物新品种的应用

2000年以来引进的新品种有大豆丰收23、北疆1号、东农44号、东大1号、华疆1号、华疆2号、黑河3、黑河35号、黑河49号等品种；小麦品种有龙麦29、龙辐麦12、龙麦30、垦九9号、垦九10号等品种；马铃薯克新12号和紫白花、尤金885、鲁引1号、早大白、兴佳1、克新3号、东农303等。

2000年以来，大兴安岭地区农业技术推广中心在岭南生态农业示范区开展了一系列的试验、示范，其中，包括黑龙江省大豆品种区域试验，小麦品种对比试验，筛选出适合岭南生态农业示范区的优质高产新品种80多个。

在长期引进小麦、大豆作物优良品种的同时，也对玉米、马铃薯、芸豆作物的优良品种进行了引进、试验和推广。

3. 农机具的应用提高了劳动效率和质量

全部耕地实现了机灭茬、机播种、机翻地，机械化率达到100%。

4. 植保措施的应用

植保措施的应用，保证了农作物稳产、高产。

5. 栽培措施的改进，提高了单产

基本实现因地选种、施肥、科学间作，有些地方还应用了地膜覆盖、通透密植栽培、生长调节剂、大豆45cm小垄栽培等技术。

6. 农田基础设施得到改善

近年来，随着国家标准粮田等农业项目的实施，农田基础设施条件得到改善，农用机井增加、大型农机具被广泛应用，农田道路得到修缮。

（二）土壤资源利用上的弊端

岭南生态农业示范区位于大兴安岭南麓，土壤种类较多，主要以低山丘陵为主，农业生产资源不充足，在长期开发过程中，可开发土地得到了有效的利用。

（1）土壤水土流失现象依然存在，构成了农业生产的潜在危害。

（2）低平、低洼地区，土壤过湿易涝，使农业生产受低温，冷害，水淹渍早霜等自然灾害的危害。

（3）受传统农业生产模式影响，耕作粗放，用地养地结合不好，使填充表层结构破坏，土壤质地黏重，板结，物理性质恶化。

（4）有机肥源不足，土壤肥力下降，出现了低产土壤。

（5）耕作制度和机械作业的局限，土体构型中障碍层加厚，特别是犁底层。

（6）经验施肥制度不合理，土壤养分片面投入增加，土壤中养分含量比例失调，微量元素投入不足。

（7）土壤三相比不协调，土壤物理性能不好，蓄水能力低，经常出现土壤干旱。

（三）农业生产存在的问题

概括地说有以下几点：一是单位产出低。耕地多数是在丘陵漫岗，有比较丰富的农业生产资源，耕地开垦得比较晚，多数都是近十几年开垦的，由于自然生态环境的改变，水土流失现象严重。二是农业生态有失衡趋势。据调查，岭南生态农业示范区开垦比较早的耕地，耕地有机质含量下降。近些年化肥用量不断增加，单产、总产大幅度提高，同时，农作物种类单一、品种单一，不能合理轮作，也是导致土壤养分失衡的另一重要因素。另外，农药、化肥的大量应用，不同程度地造成了农业生产环境的污染。三是良种少。目前，粮豆没有革命性品种，产量、质量在国际市场上都没有竞争力。四是农田基础设施薄弱，排涝抗旱能力差，风蚀、水蚀也比较严重。五是机械化水平低。高质量农田作业和土地整理面积很小，秸秆还田能力还有限。六是农业整体应对市场能力差。农产品数量、质量、信息以及市场组织能力等方面都很落后。七是农技服务能力低。农业科技力量、服务手段以及管理都满足不了生产的需要。八是农民科技素质、法律意识和市场意识有待提高和加强。

三、耕地土壤的演变

（一）耕地利用演变阶段

1. 养分片面消耗与过度利用阶段

20 世纪 90 年代初期是岭南生态农业示范区大规模开垦耕地的时期，由于耕地刚刚开垦，施肥量比较小，也比较盲目，是以低含量的磷肥为主，配合少量尿素。化肥使用量的迅速增长、小型农机具的大量投入使用、有机肥投入的连年减少、种植作物单一、土壤养分片面消耗、土壤质量恶化、农作物品质下降。

2. 综合治理与生态建设阶段

1995—2008 年，耕作方式以中小型拖拉机为主，作物品种从农家品种更新为杂交种和多品种混用，化肥大量使用，并且连年增加，尿素、二铵等肥料充斥市场，农家肥投入产生的土壤养分增加量远远低于化肥投入产生的土壤养分增加量，粮食产量波动幅度较大。

3. 平衡施肥与可持续发展阶段

2008 年至今，岭南生态农业示范区开展了测土配方施肥项目，农家肥和秸秆还田面积有所增加，化肥使用突破尿素、二铵结构，多元复合肥大面积使用，测土配方专用肥料介入生产应用，粮食产量相对稳定。

（二）施肥措施的历史更替

土地利用时空上的各阶段变化，促使肥料施用上经历了 4 个时期。

1. 化肥用量迅速攀升时期

肥料种类以有机肥向化肥转变为主，尿素、二铵为主的化肥施用量迅速增加。

2. 农化结合过渡时期

1996—2000 年，化肥的种类已由单一的尿素、二铵向多元复合肥和多品种肥料过渡。农业技术推广中心在 20 世纪 90 年代至 2010 年、每年都进行平衡施肥技术的研究、配方，并进行实验、示范，调整化肥的科学用量。

3. 平衡施肥大力推广时期

2000—2005 年平衡施肥技术得到推广应用，全区的施肥技术水平有了很大的提高，施肥方法也更加科学合理。

4. 测土配方施肥全面推进时期

2008 年至今，随着国家测土配方施肥项目在的实施，测土配方技术得到了大面积应用，依据经验型与数据型相结合的配方，进行多元素种类、科学搭配的施肥方式已经普遍，测土配方施肥使化肥合理应用，提高肥效，降低成本，提高经济效益。

（三）土地利用与粮食产量关系分析

分析施肥过程的变化表明，土壤施肥技术在经历了数十年生产实践，自 20 世纪末开始进入注重对土壤中氮、磷、钾、微量元素全面补充的阶段，注重土地种养结合开始成为主题。微量元素肥的施用量增加，大面积秸秆还田、提高土壤有机质、培肥地力成为土壤养护上逐渐重视的技术手段。但是由于后期大部分秸秆焚烧，整地质量的下降，造成土壤板结比较严重。2004—2010 年 6 年肥料应用上的时空演变过程与粮食产量变化具有明显的规律性，详见表 2-7，图 2-4。

表 2-7　化肥施用与粮食产量关系分析　　　　　　　　　（单位：hm^2、t）

年份	播种面积	化肥使用总量	粮食总产
2004	32 333	2 004.65	73 800
2005	32 666	2 123.29	78 400
2006	32 666	2 286.62	80 000
2007	40 000	2 880	102 400
2008	40 000	2 880	89 000
2009	45 333	3 354.64	84 600
2010	69 333	5 269.31	176 400

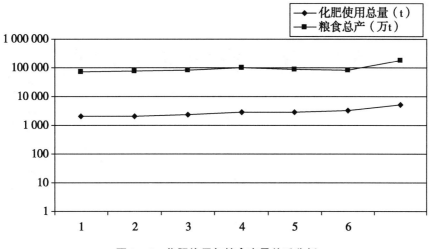

图 2 - 4 化肥施用与粮食产量关系分析

第二章 耕地地力调查

第一节 调查方法与内容

一、调查方法

采取内业调查与外业调查相结合的办法。内业调查主要包括图件资料、文字资料的收集。外业调查包括耕地的土壤调查、环境调查和农业生产情况的调查。

（一）内业调查

内业调查包括基层资料、参考资料和补充资料收集、查阅、整理等。

1. 基础资料准备

图件资料、文件资料和数字资料。

图件资料：《鄂伦春自治旗土壤图》（1982 年第二次土壤普查编绘，1∶50 000）、《岭南生态农业示范区土地利用现状图》（岭南生态农业示范区 2009 年绘制，1∶25 000）、《岭南生态农业示范区地形图》（2009 年，1∶25 000）。

数字资料：大兴安岭地区统计局 2005 年统计数据资料。

文件资料：《内蒙古自治区土壤》（第二次土壤普查编写，1982 年）、《内蒙古自治区土种志》（1989 年）、《大兴安岭地区统计年鉴》（2008 年、2009 年、2010 年）

2. 参考资料准备

包括农田水利建设资料、农机具统计资料、岭南交通图等。

3. 补充调查资料准备

对上述文献中记载不够详尽或因时间推移发生变化的相关资料，进行了专项的补充调查。包括：农业技术推广概况，如良种推广、科技施肥技术的推广、病虫鼠害防治等；农业机械现状，如耕作机械的种类、数量、应用效果等；种植面积、产量等生产状况进行了补充调查。

（二）外业调查

外业调查采用布点、采样进行土壤调查、环境调查和农户生产情况调查。

1. 布点

正确布点能保证获取信息的典型性和代表性；提高耕地地力评价成果的准确性和可靠性；提高工作效率，节省人力和资金。

（1）布点原则。代表性兼顾均匀性：首先考虑到全区耕地的典型土壤类型和土地利用类型，其次耕地地力调查布点要与土壤环境调查布点相结合。

典型性：样本的采集必需能够正确反映样点的土壤肥力变化和土地利用方式的变化。采样点布设在利用方式相对稳定，避免各种非正常因素的干扰的地块。

比较性：尽可能在第二次土壤普查的采样点上布点，以反映第二次土壤普查以来的耕地地力和土壤质量的变化。

均匀性：同一土类、同一土壤利用类型在不同区域内应保证点位的均匀性。

（2）布点方法。依据布点原则，确定调查的采样点。具体方法如下。

修订土壤分类系统：为便于全省耕地地力调查工作汇总和评价工作的实际需要，我们把第二次土壤普查确定土壤分类系统归并到省级分类系统。岭南原有的分类系统为4个土类、11个亚类15个土属、43个土种。归并到省级分类系统为4个土类、10个亚类、17个土属、18个土种。

编绘土种图：在修订土种名称的基础上，对岭南生态农业示范区土壤图进行了重新编绘。

土样养分采集调查点数的确定和布点：按照耕地平均每个点代表 50 ~ 100hm² 的要求，确定大田调查点数并进行布点，并充分考虑各土壤类型所占耕地总面积的比例、耕地类型以及点位的均匀性等确定布点数量。将《土地利用现状图》和《土壤图》及《行政区划图》三图叠加，在土壤类型和耕地利用类型相同的不同区域内确定调查点位，保证点位均匀，全区定点975个。

容重调查点数的确定和布点。根据土壤（种）的分布和所占比例，确定其调查点的位置和数量，容重样本占样本总数的10% ~ 20%。共设容重样本86个。

2. 采样

大田土样在作物收获后取样，包括田块确定和取样两个步骤，采样时间为2010年。

野外采样田块确定。根据点位图，到点位所在的村庄，首先向农民了解本村的农业生产情况，确定具有代表性的田块，田块面积要求在50hm²以上，依据田块的准确方位修正点位图上的点位位置，并用 GPS 定位仪进行定位。

调查与取样。对采样田块基本情况，按调查表格的内容逐项进行调查填写，按 0 ~ 20cm 土层采样；采用"X"法、"S"法或者棋盘法，均匀随机采取 15 个采样点，充分混合后，四分法留取 1kg。

二、调查内容及步骤

（一）调查内容

按照2007年《农业部测土配方技术规范（试行）》（以下简称《规范》）的要求，对所列立地条件、土壤属性、农田基础设施条件、栽培管理和污染等项目情况进行逐一详细调查，按说明所规定的技术范围描述。对附表未涉及，但对当地耕地地力评价又起着重要作用的一些因素，在表中附加，并将相应的填写标准在表后注明。调查内容分为基本情况、化肥使用情况、农药使用情况、产品销售调查等。

（二）调查步骤

耕地地力评价工作分为准备阶段、具体实施阶段和化验分析阶段。

第一阶段：准备阶段

进行相关资料收集、整理、分析，研究确定具体实施办法，制订方案。

1. 统一野外编号

全区共 6 个管理区、编号从某某管理区某某农场调查点 X 号顺序排列。在一个农场内，采样点编号从 01 开始顺序排列至 99 （01～99）。

2. 确定调查点数和布点

全区确定调查点 975 个。依据点位所在的管理区、农场为单位，填写《调查点登记表》说明调查点地理位置、野外编号和土壤名称，为外业做好准备工作。

3. 外业准备

按照《规范》规定调查项目，设计制定野外调查表格，统一技术操作规程、统一项目、统一标准、统一组织管理进行调查记载采样。包括采集土样，填写土样登记表，并用 GPS 卫星定位系统进行准确定位。

第二阶段：具体实施阶段

第一步，全面调查

调查组以土壤图和土地利用现状图为工作底图确定被调查的具体地块所在区域及有关信息，有针对性地对分布点次逐一踏查，对《采样点基本情况》《采样点生产情况调查表》等基础表格的填写，保证土样采集所在乡村农户等相关信息翔实完整，填写好管理区、农场、农户为单位的《调查点登记表》，为数据统计分析做基础。

第二步，审核调查

入户调查任务完成后，对各组填报的各种表格及调查登记表进行了统一汇总，并逐一做了审核，排除错误信息，补充缺少信息，保证地点准确、信息准确、布点结果的代表性，剔除地图与实地不符的点次，并进行新点补充调查，保证信息的有效性和完整性。

第三步，调查和采样

调查：补充调查所增加的点位，对所有确定为调查点位的地块采集耕层样本，按《规范》的要求，兼顾点位的均匀性及各土壤类型，采集了容重样本。

采样：对所有被确定为调查点位的地块，依据田块的具体位置，用 GPS 卫星定位系统进行定位，记录准确的经度、纬度。面积较小地块采用"X"法、或棋盘法、面积较大地块采用"S"法，根据农户地块大小，均匀并随机采集 15～20 个采样点，充分混合用"四分法"留取 1.0kg。每袋土样填写两张标签、内外各具。标签主要内容：样本野外编号、土壤类型、采样深度、采样地点、采样时间和采样人等。

第四步，汇总整理

采样工作结束，对采集的样本逐一进行检查和对照，并对调查表格进行认真核对，无差错后统一汇总总结。

第三阶段：化验分析阶段

本次耕地地力调查共化验了 975 个土壤样本，测定了有机质、pH 值、全 N、全 P、全 K、碱解 N、速效 P、速效 K 以及铜、铁、锰、锌含量等 12 个项目。对调查点资料和化验结果进行了系统的统计和分析。

第二节　样品分析及质量控制

一、物理性状

土壤容重、田间持水量，采用环刀法；质地，采用指测法。

二、化学性状

土壤样品分析项目：pH 值、有机质、全磷、全氮、全钾、碱解氮、有效磷、速效钾、铜、锌、铁、锰。

分析方法：执行《规范》规定的土壤化验分析方法，详见表 2-8。

表 2-8　土壤样本化验项目、方法及标准

分析项目	分析方法	执行标准
pH 值	酸度计法	NY/T 1377 规定的方法测定
有机质	浓硫酸—重铬酸钾法	NY/T 1121.6 规定的方法测定
全氮	消解蒸馏法	NY/T 53 规定的方法测定
碱解氮	碱解扩散法	NY/T 1229 规定的方法测定
有效磷	碳酸氢钠—钼锑抗比色法	NY/T 1121.7 规定的方法测定
全钾	氢氧化钠—火焰光度法	NY/T 87—1988 规定的方法测定
速效钾	乙酸铵浸提—火焰光度法	NY/T 889 规定的方法测定
有效铜	DTPA 提取原子吸收光谱法	NY/T 890 规定的方法测定
有效锌	DTPA 提取原子吸收光谱法	NY/T 890 规定的方法测定
有效铁	DTPA 提取原子吸收光谱法	NY/T 890 规定的方法测定
有效锰	DTPA 提取原子吸收光谱法	NY/T 890 规定的方法测定
全磷	氢氧化钠—钼锑抗比色法	NY/T 88—1988 规定的方法测定

第三节　数据库的建立

一、属性数据库的建立

（一）属性数据表

属性数据库的建立与录入独立于空间数据库，全国统一的调查表录入系统（表 2-9）。

表2-9　主要属性数据表及其包括的数据内容

编号	名称	内容
1	采样点基本情况调查表	采样点基本情况，立地条件，剖面形状，土地整理
2	采样点农业生产情况调查表	土壤管理，肥料、农药、种子等投入产出情况

（二）数据的审核、录入及处理

包括基本统计量、计算方法、频数分布类型检验、异常值的判断与剔除以及所有调查数据的计算机处理等。

在数据录入前仔细进行审核，数据审核中包括：数值型数据资料量的统一；基本统计量的计算；异常值的判断与剔除；频数分布类型检验等工作。数据经过两次审核后进行录入。录入过程中2人一组，采用边录入边对照的方法分组进行录入。

二、空间数据库的建立

采用图件扫描后屏幕数字化的方法建立空间数据库。图件扫描的分辨率为300dpi，彩色图用24位真彩，单色图用黑白格式。数字化图件包括：土地利用现状图、土壤图、行政区划图等。

数字化软件统一采用 ArcView GIS，坐标系为 1954 北京大地坐标系，比例尺为 1 : 100 000。应用 ArcInfo 及 ArcView GIS 软件进行评价单元图件的叠加、调查点点位图的生成、评价单元插值，文件保存格式为 . shp、arc。采用矢量化方法，主要图层配置，如表 2 - 10。

表2-10　矢量化方法、图层配置

序号	图层名称	图层属性	连接属性表
1	线状水系	线层	面状河流属性表
2	土地利用现状图	多边形	土地利用现状属性数据
3	行政区划图	线层	行政区划属性数据
4	土壤图	多边形	土种属性数据表
5	土壤采样点位图	点层	土壤样品分析化验结果数据表
6	公路	线层	

第四节　资料汇总与图件编制

一、资料汇总

对采样点基本情况调查表、农户调查表等野外调查表进行整理与录入，对全部数据资料分类汇总编码。采样点与土壤化验样点采用相同统一编码作为关键字段。

二、图件编制

（一）耕地地力评价单元图斑的生成

耕地地力评价单元图斑是在矢量化土壤图、土地利用现状图、行政区划图的基础上，在 ArcView 中利用矢量图的叠加分析功能，将以上 3 个图件叠加，叠加后生成的图斑实体面积小于最小 5 000m² 时，按照土地利用方式相同、土壤类型相近的原则将破碎图斑与相临图斑进行合并，生成评价单元图斑。

（二）采样点位图的生成

采样点位的坐标用 GPS 进行野外采集，在 ArcInfo 中将采集的点位坐标转换成与矢量图一致的北京 54 坐标。将转换后的点位图转换成可以与 ArcView 进行交换的 shp 格式。

（三）专题图的编制

利用 ArcInfo 将采样点位图在 Arcmap 中利用地理统计分析模块中，采用克立格插值法进行采样点数据的插值。生成土壤专题图件，包括全氮、有效磷，速效钾，有机质，有效锌等专题图。

（四）耕地地力等级图的编制

首先利用 Arcmap 空间分析模块的区域统计方法，将生成的专题图件与评价单元图挂接。在耕地资源管理信息系统中根据专家打分、层次分析模型与隶属函数模型进行耕地生产潜力评价，生成耕地地力等级图。

第三章 耕地立地条件与农田基础设施

耕地立地条件是指与耕地地力直接相关的地形、地貌及成土母质等特征。它是构成耕地基础地力的主要因素，是耕地自然地力的重要指标。农田基础设施是人们为了改变耕地立地条件等所采取的人为措施活动。它是耕地的非自然地力因素，与当地的社会、经济状况等有关，主要包括农田的排水条件和水土保持工程等。这次耕地地力调查与评价工作，耕地的立地条件、土壤和农田的基础设施为重要指标。

第一节 立地条件状况

一、地形地貌

岭南生态农业示范区位于大兴安岭隆起带东侧，属伊勒呼里山山地地带。伊勒呼里山由西北向东南走向，控制全境，构成西高东低、北高南低的特征，形成西北向东南逐渐降低的地貌形势。

全区以低山丘陵为主，山势起伏，河流狭窄，坡陡流急，横向切割明显。气候属大陆性寒温带湿润区，低温与水分相作用利于冻土的生成，冻土地貌类型较为齐全。

岭南生态农业示范区地势呈西高东低，位第一阶梯第二阶梯及其结合部，南北走向的中山系大兴安岭山脊以东为第一阶梯地，以西为第二阶梯地。全区为多年冻土带，处多年冻土带南部。盘古河以西及河源南向东直线以西为大片多年连续冻土带，其他为岛状多年冻土带。岭南生态农业示范区系新华夏系第三隆起代北段之地质带。上元古代时期，系原始海洋的蒙古海漕，属早期地质构造中"五台运动"的产物。古生代时期，在"加里东"地壳激烈运动中，区内出现海陆交汇地层。至石炭纪和二叠纪，经过"海西运动"，海水东泄退出，全区上升为陆地，形成大兴安岭褶皱带与伊勒呼里山系雏形，呈北东、南西走向。

中生代时期，侏罗纪后期至白亚纪初期的"燕山运动"，使本区出现强烈褶皱、断裂和火山喷发，加之西伯利亚板块与中国板块挤压、相撞，大兴安岭褶皱带进一步上升，形成新华夏隆起带和阶梯式断裂带，主轴呈北北东向展布。

新生代时期，早期第三纪大兴安岭隆起带和区域断裂带，继续稳步上升。受长期侵蚀和剥蚀，出现"兴安期夷平面"。"喜马拉雅运动"使本区出现新褶皱、大断裂，火山喷发激烈，出现黑龙江、呼玛河、多布库尔河、甘河、盘古河等多处断裂带。至第四纪及其尔后，大兴安岭继续缓慢上升，发育成大兴安岭山脉和断裂带及河谷地带。

大兴安岭东北属兴安山地属地型区，兴安岭山地与台原中的兴安岭北部台原地貌区。西部为高纬寒冻地貌类型区，东部为高寒侵蚀地貌类型区。地貌由中山、低山、丘陵和山间盆地构成。中山有山脉形态，但分割较碎。低山山形圆浑，地面零碎，较丘陵分布规则。全区地形总势呈东北——西南走向，属浅山丘陵地带。北部、西部和中部高。平均海拔573m；最高海拔1 528m，系伊勒呼里山主峰——呼中区大白山；最低海拔180m，是呼玛县三卡乡沿江村。伊勒呼里山西东走向，横卧本区，东低西高，400km长，系黑龙江水系和嫩江水系的分水岭。中山区相对海拔300～500m，分布于本区西部和中部的新林区、呼中区、塔河县。山体由一系列宽缓复背斜组成，地形起伏大，切割深。低山区相对海拔200～300m，主要分布于岭东的呼玛县和岭南的松岭区、加格达奇区。山体浑圆，山坡和缓，坡角一般为15°～30°。丘陵区相对海拔50～200m，分布于东部、南部和北部。地面呈岗阜状起伏，坡长而缓，坡角一般为10°～15°。山间盆地，分布于全区河谷地带。河谷宽阔，谷底狭窄，直线河谷较多。

二、成土母质及土壤特点

（一）成土母质

1. 暗棕壤

母质为各种火成岩。沉积岩上发育的硅铝残积或堆积风化壳，有良好的内外排水条件，这些综合自然因素，对暗棕壤形成与生产能力的发展均起一定影响。这类土壤的形成和发育与林型关系密切。由于林型不同和地形、母质影响，水分状况差异，各亚类可在相应部位出现。

2. 黑土

母质为壤质或砾质沉积物。

3. 草甸土

草甸土的母质多为冲积、沉积物，地区性差异明显。江河两岸的母质质地变化较大，因水流分选作用，而有沙有黏，甚至出现沙黏间层，所以，各地草甸土的肥力差异很大。

4. 沼泽土

沼泽土是土壤季节性积水或长期积水，主要分布于河谷中的泛滥地、山间沟谷洼地及平原中的低洼地区。

（二）土壤特点

土壤的成土过程作用包括淋溶与淀积、氧化和还原、冲刷和堆积、有机质的合成与分解，并随着不同土壤淋溶、淀积强弱程序不同，形成土壤的不同层次。

1. 暗棕壤

该类土壤排水条件良好。同时，具有相当高的自然肥力，虽因地形较陡及养分总贮量不高，而一般不宜农垦。但都是优良的林业生产基地，可作为樟子松生产基地。

2. 黑土

黑土是良好的农垦对象。首先黑土形成母质变化较大，大都分为湖积冲积物，壤土层厚，但有的坡积物与洪积物，壤土层厚度较薄，透水性较好，表层增温快，垦后肥力挥发快，但其肥力衰退也快，需及时培肥才能保持和不断提高土壤肥力。

3. 草甸土

分布地势平坦开阔，水源丰富，热量较高，宜于农业。由于大量根茎叶等粗纤维的存在，为草甸土的腐殖质累积提供了丰富的物质基础。但因成土时间相对较短，其腐殖质层一般都不厚，潴育过程主要是季节性冻融和地下水升降作用所致。每当土体滞水时，被浸泡部分土层中的铁锰发生滞原，干后又氧化，使土体中集聚了大量的铁锰锈斑及小结核。草甸土的剖面形态发育较差，在自然植被下分为根盘层、腐殖质层，不明显的淀积层和母质层。

4. 沼泽土

沼泽土母质黏重排水极差，植被类型很多，主要有沼泽化草甸，塔头沼泽。由于地形低洼和常年积水，所以，地温偏低，局部地区有永久性冰层存在，这样地势，冷空气易于下沉常遇早霜。这类土壤形成的主导过程是泥炭化和还原化。

（三）成土过程

成土过程是棕壤化与森林腐殖质化综合作用。草甸土的主导成土过程是草甸过程，即表层的腐殖质化和剖面中的潴育化过程，其腐殖质累积完全取决于生草过程的强弱和时间的长短。黑土成土过程是腐殖质化作用与轻度还原淋溶，并有暗棕壤的残留特征。沼泽土是土壤季节性积水或长期积水，在沼泽植被下发育而成的一种水成型土壤。

1. 原始成土过程

这是岩石风化或成土过程的原始阶段。是在低等植物和微生物参与下进行的。菌类和藻类共生植物生长在裸露的岩石表面，随着时间的推移，岩石慢慢被蚀变，产生原始土壤物质，这类土壤风化度低，细土稀少，土层薄，生物过程和淋溶过程较弱，这个过程就是土壤的原始成土过程。

2. 有机质的积累过程

土壤有机质的原始积累是土壤形成的质变阶段。在生物、气候等综合影响下，有机质的积累数量、速度及积累方式都有很大的差异。有机质积累方式主要是腐殖化过程和泥炭化过程，以腐殖化过程为主。黑土就是腐殖积累和长时间的淋溶成土过程中形成发育起来的。在水分充足的草甸植物下形成有机质的数量大，并且进行着嫌气分解，所以，腐殖质积累的多，土壤腐殖质厚而含量高。在草原条件下则因干旱少水，有机质增长量少，但矿化度高，因而土壤腐殖质层薄，养分含量低。这一过程就是腐殖化过程。在积水过湿的条件下，沼泽植被，喜湿植物一代一代的生长，随后又一代一代死亡，在厌氧条件下，有机质不易分解而变成泥炭堆积起来，形成了泥炭层，这一过程称之为泥炭化过程。

3. 黏化过程

黏化过程主要表现形式就是黏土粒子的积累，黏粒的积累分残积黏化和淋溶淀积黏化过程。前者是指未经迁移而原地沉积的时候发生了黏化的；后者是指黏粒受水分淋洗、移动而在土层内一定深度发生淀积。部分地区由于气候寒冷干旱，其黏化过程较弱。南部沿江一带，气候温热多湿，促进了土壤矿物质的分解和转化，加深了淋溶作用，黏粒积聚的多，故黏化过程较强。在底土黏化层中可见到黏粒胶膜或胶结的块状结构。

4. 淋溶沉积过程

土壤中能溶解于水的腐殖质和钠、钙、镁、钾等盐基随着土壤水分的流动和下渗，一部分被洗出，一部分移动到地表以下。在不同深度因干湿交替而重新积聚，形成了腐殖质条纹、铁锰结核、石灰结核等，这些特征在大部分土壤中都有明显表现。淋溶深度和降水量成正相关，和蒸发量成负相关。由于地形不同，水分再分配也不同。所以，钠、钙在土体中聚积部位也不同。

5. 盐化和脱盐化过程

在洼地、盐沼地带，故含盐的地下水逐渐上升，使土壤表层聚积一定盐类。呈盐霜、盐斑、盐结皮，这就是盐化过程。因有这一成土过程，使西南部低平原个别地带形成了一定面积的苏达草甸盐土。

与此相反，由于受大水冲洗，以及人为的耕种及水利农艺等脱盐措施，能降低地下水位，影响降低盐分，使含盐量降低到 0.1% 以下，这个现象为脱盐过程。

6. 碱化和脱碱化过程

在碱性盐和苏达盐的作用下，土壤胶体发生了钠化（代换性的钠达到 20% 以上），则称为碱化过程。土壤碱化的特点是碱性强、性质坏，干缩、湿胀大、不透水，呈柱状结构。碱土的盐分组成以 Na_2CO_3 为主，故土壤的碱性大，pH 值为 9。同时有机质和碳酸盐在厌氧条件下，经微生物作用也能形成苏达。在排水较好的地区，土壤中的钠和代换性的钠被淋洗掉，土壤反应由碱性变为中性和酸性，这一过程称之为脱碱化过程。

7. 草甸化、潜育化、沼泽化过程

在地势较低洼，地下水位较高，地表生长着大量喜湿性草甸植物的条件下，其土壤形成过程为草甸化过程。其特点是：草甸植物生长繁茂，根系密布，土壤水分充足，通气性差，以嫌气分解为主，土壤有机质大量积累。黑土层厚，有机质含量高。由于地下水位高，地下水位直接浸润土壤下层，并能沿着毛细管上升到地表，随着不同季节的干湿变化，地下水位升降，土壤中氧化还原反应交替进行，铁锰化合物也随着溶解（还原态）和沉积（氧化态），因此，在不同层次中有大量的铁锰结核、锈斑锈纹。以草甸化过程为主形成的土壤称草甸土，在草甸化过程的同时，也存在其他的附加过程。如在草甸土中更低的地形部位，地下水位高，地表排水不好，土壤经常处于过湿状态，在还原条件下，出现潜育化过程，这样形成的土壤称潜育化草甸土，该土层次无结构多锈斑，铁锰结核少，呈灰蓝色层次或灰绿色斑块。沼泽化是在地表长期积水或季节性积水的条件下，形成草甸沼泽土过程。其中，包括泥炭积累和潜育层形成 2 个过程。

8. 熟化过程

土壤熟化过程是指耕作土壤在自然因素影响的基础上，兼受人类生产活动影响而发生激烈变化的过程。在人类还没有干预土壤以前，土壤是作为一个独立的历史自然体而存在。由于人类的耕作种植等一切生产活动，使土体构造发生了很大变化，尤其以耕层变化最大，物质交流最频繁。人类通过耕作、施肥、排水、灌溉、改良土壤等生产措施，不断改变耕层土壤的理化性质和物质组成，水、肥、气、热条件得到调节和补充。同时，土壤中影响农作物生长的障碍因素也逐渐得到改变，这些都是通过土壤熟化过程而完成的。

（四）障碍层次

土壤的土体构型是反映土壤的物质因素，性质和肥力的外部表现。而不良的土壤发生层次既土壤障碍层次，对土壤肥力会产生极坏的影响，土壤的障碍层次主要是犁底层、潜育层和钙积层。

1. 犁底层

犁底层位于耕层之下，由于各地土壤耕作不同，除沼泽土外其各类耕作土壤都不同程度的存在犁底层，深浅亦不一，厚度在 30cm 以内，厚度变化范围 5 ~ 10cm。单一的、重复的机械作用是犁底层根本原因。

2. 潜育层

潜育层多发生于低洼地土壤。其土体长期受水的浸渍处于还原性嫌气状态，使铁、锰等高价还原为低价，土体变为灰蓝色，成为无结构的潜育化障碍层次，其呈为斑点状、细条状或块状分布在土体的中下层。同时，还易产生硫化氢（H_2S）等有毒、有害于作物的气体。

三、地形坡度

地处山区、丘陵，地形起伏大、大部分地块分布在山中坡、低坡、坡度长，最大坡长达1 000m以上。水土易汇集，一般地面坡度在1.5°~15°，部分地块水土流失严重。坡度3°~5°侵蚀较重，坡度5°~7°以上严重侵蚀。

四、土壤侵蚀

岭南生态农业示范区土壤侵蚀类型主要是水蚀，平地耕地面积比较小，全区坡耕地面积占耕地面积的75%以上，在坡耕地上普遍存在着水土流失，包括面蚀和沟蚀两种形式。

第二节　农田基础设施

一、农业设施建设情况

岭南生态农业示范区农业基础设施不断完善，抗旱机井500眼，节水灌溉设施300台套，可灌溉耕地面积1万hm^2。通过农业综合开发改造低产田1.2万hm^2。2007年110千伏输变电线路已经架设完毕，目前，部分农场已经通电，极大改善了农业生产条件。

二、生态农业发展情况

在生物气候与大地形的影响下，形成了山地森林生态、平原丘陵生态及低湿地植被生态，构成了我国东北地区的重要生态屏障，是我国北疆生态屏障的重要组成部分。区内大面积的森林植被，大量的低湿地植被对水源的巨大涵养作用是保障嫩江水系汛期安全的根本。由于岭南生态农业示范区位于嫩江上游，构成了松辽流域的重要组成部分，也是东北临近省区生态安全防线的起始点。但是由于生态环境遭到破坏，水土流失和日益严重，导致土壤肥力减退，失去森林草原保护的耕地深受干旱、风沙的危害，严重影响了农牧业生产的持续发展。

第三节　岭南生态农业示范区土壤的概述

一、土壤的形成与演变

受植物、地形、气候、水文地质等自然生态条件和人类活动的影响，土壤的分布较为复杂，成土过程多样化，每种土壤类型都有自己形成和演变的特点，同一种土壤上下各层不一样，发生层次分化。土壤发生学层次及其代表符号如下。

A	腐殖质层	Ap	耕作层
AB	过渡层	B	淀积层
		Bc	过渡层
C	母质层	G	潜育层
At	泥炭层	Ak	盐结皮层
As	草根层	App	犁底层

各层次形成过程主要作用包括淋溶与淀积、氧化和还原、冲刷和堆积、有机质的合成与分解等。土壤水分中溶解有各种物质，达到饱和时，水受重力影响向下渗漏，把土壤中的物质从上层带到下层时，发生淋溶和淀积过程。土壤中各种物质的活性不同，淋溶和物质淀积的各具层次，土壤中各种物质元素在土壤剖面上产生差异。某些土壤经常处于干湿交替的状态，在水的影响下出现氧化还原反应过程，产生淋溶和淀积，在土体中形成铁锰结核、锈纹、锈斑和灰蓝色的潜育斑。一些碳酸盐在土体中形成石灰斑、石灰菌丝体、石灰结核等土壤新生体。土壤淋溶和沉淀强弱顺序不同形成了土壤的不同层次。

（一）暗棕壤的形成与演变

成土条件包括气候、植被、地形、母质。

1. 弱酸性淋溶过程

红松为主的针阔混交林，林分组成复杂，土壤植被生长茂盛，森林每年有大量的凋落物，其中所含各种养料元素经微生物分解后补充到土壤中，林下的草本植物有庞大的根系，有机质分解过程较快，土壤积累了大量的腐殖质。其组成—胡敏酸为主弱酸性，代换性盐基含量丰富，盐基饱和度高，因此，暗棕壤具有较高的肥力。

2. 温带湿润森林下腐殖质积累

温带湿润气候条件下树木郁闭，湿润，降水量大，集中于夏季，土壤中产生了强烈的淋溶过程，致使暗棕色森林土成弱酸性反应，并含有一定量的活性铝。季节性冻层的存在削弱了暗棕色森林土的淋溶过程，因被淋洗灰分元素受到冻层的阻留。由于冻结，土壤溶液中的硅酸脱水析出，淀附于全土层内，致使整个土壤剖面均有硅酸粉末附着于土壤结构表面，于后成为灰棕色。

（二）黑土的形成与演变

1. 形成及形成特点

由于四季分明，对草原草本植物生长和植物残体蓄积极为有利。高温多雨季节，土壤含水量高，花草生长繁茂，根系深，草高达 40～50cm，根系、秋末冬初枯死，大量植物残体遗留在地下及地表，气温迅速下降，土壤冻结，微生物活动停止，植物残体来不及腐烂分解，翌年春季化冻后，土温增高，微生物开始活动；冻融水的下渗和冻层的阻碍，使土壤水分大量聚积土壤上层，形成层上积水，土壤通气不良，有机质分解速度缓慢。自然成土过程中，腐殖质的合成超过分解作用，腐殖质逐渐积累，形成颜色暗灰或灰黑色的腐殖质层即黑土层。腐殖质浸透土壤，胶结土粒，碳酸盐淋溶缓慢，腐殖质胶粒的钙凝聚，植物根系的挤压和分割以及土壤的干湿冻融交替作用，使土壤形成良好的团粒结构。腐殖质的增加和团粒结构的形成，是黑土形成过程的基本特点。

2. 成土特征

土壤上层滞水在下渗水流的作用下，土体内可溶盐类及碳酸盐受到淋溶，黑土通体无石灰反应，呈中性或微酸性反应，在中性淋溶和季节性过湿条件下，土壤中的二氧化硅被水化分离，形成白色粉末状物质分散在土层下部淀积层的结构体表面上，构成了黑土土层中多二氧化硅粉末的主要因素。土壤水分较为丰富的情况下，铁、锰等难溶性物质也可还原成低价离子随水移动，在土层中逐渐氧化形成铁锰结核或锈斑等沉积物，上层的黏粒受重力的作用，出现淋溶和淀积的现象，聚积在土壤下层。黑土下层质地一般比上层黏重，构成黑土的明显特征。

（三）草甸土的形成与演变

草甸土的土壤母质多为冲积母质，有黏土层支持的地下水层。草甸植物生长繁茂，根系密布，土壤水分充足，通气性差，有机质呈嫌气分解，土壤中容易形成和积累大量腐殖质。地下水位高使地下水直接浸润土壤下层，并沿土壤中毛细管上升至土壤上层，随季节性干湿变化，引起地下水位的升降，土壤氧化还原反应过程频繁，铁锰化合物随溶解（还原态）和沉积（氧化态），发生移动和局部沉积，形成了草甸土土层中的铁锰结核、锈纹、锈斑和灰蓝潜育层。

自然成土条件的不同，加之不同程度人为作用的影响，使草甸土的形成过程在各不同地区有其不同特点。

在沟谷地带发育的草甸土，由于开发较晚，土壤水分较多，透水性差，持水性很强，土壤黏重，干时硬，湿时泥泞，冷浆内涝。

（四）沼泽土的形成特点

常年积水或季节性积水，繁茂的湿生植物残体，在积水或过湿条件下得到积累。土壤水分过多，空气隔绝，植物遗体的分解以嫌气过程为主，泥炭层中存有程度不同的植物根、茎、叶残体，形成了水成型的沼泽土（从发生学和泥炭利用角度，将泥炭层厚度大于50cm则称之为泥炭土）。在缺氧条件下，嫌气性微生物分解有机质，高价的氧化铁还原成低价铁而淋失，在下部铁被还原成亚铁盐类，在母质层出现了灰蓝色或浅蓝色的潜育斑，是水成型沼泽土的典型特征。

二、岭南生态农业示范区土壤的分类系统

按原土壤分类系统，岭南生态农业示范区有4大土类共10个亚类。2011年，我们通过调查和挖土壤刨面，在省专家的指导下，初步确认了4个土类、10个亚类、17个土属、18个土种（表2-11至表2-18，图2-5、图2-6）。

表 2 – 11 土壤分类表

土类	亚类	土属	新土种	代码	剖面构型	原代码	原土种
暗棕壤	暗棕壤	亚暗矿质暗暗棕壤	亚暗矿质暗暗棕壤	03010201	A – B – D	010	硅铝质粗骨土
暗棕壤	暗棕壤	亚暗矿质暗暗棕壤	亚暗矿质暗暗棕壤	03010202	A – B – D	211	薄体酸性岩岩暗棕壤
暗棕壤	暗棕壤	亚暗矿质暗暗棕壤	亚暗矿质暗暗棕壤	03010203	A – B – D	212	中体酸性岩岩暗棕壤
暗棕壤	暗棕壤	亚暗矿质暗暗棕壤	亚暗矿质暗暗棕壤	03010204	A – B – D	213	厚体酸性岩岩暗棕壤
暗棕壤	暗棕壤	暗矿质暗暗棕壤	暗矿质暗暗棕壤	03010301	A – B – C	214	薄体基性岩岩暗棕壤
暗棕壤	暗棕壤	暗矿质暗暗棕壤	暗矿质暗暗棕壤	03010302	A – B – C	215	中体基性岩岩暗棕壤
暗棕壤	暗棕壤	暗矿质暗暗棕壤	暗矿质暗暗棕壤	03010303	A – B – C	216	厚体基性岩岩暗棕壤
暗棕壤	暗棕壤	沙砾质暗暗棕壤	沙砾质暗暗棕壤	03010601	A – B – C	217	薄体沙砾岩暗暗棕壤
暗棕壤	暗棕壤	沙砾质暗暗棕壤	沙砾质暗暗棕壤	03010602	A – B – C	218	中体沙砾岩暗暗棕壤
暗棕壤	暗棕壤	沙砾质暗暗棕壤	沙砾质暗暗棕壤	03010603	A – B – C	219	厚体沙砾岩暗暗棕壤
暗棕壤	白浆化暗棕壤	亚暗矿质白浆化暗暗棕壤	亚暗矿质白浆化暗暗棕壤	03030201	A – Aw – B – C	221	浅位酸性岩白浆化暗棕壤
暗棕壤	白浆化暗棕壤	亚暗矿质白浆化暗暗棕壤	亚暗矿质白浆化暗暗棕壤	03030203	A – B – C	231	薄体酸性岩岩暗暗棕壤
暗棕壤	草甸暗棕壤	亚暗矿质草甸暗暗棕壤	亚暗矿质草甸暗暗棕壤	03040201	A – B – C	232	中体酸性岩岩暗暗棕壤
暗棕壤	草甸暗棕壤	亚暗矿质草甸暗暗棕壤	亚暗矿质草甸暗暗棕壤	03040202	A – B – C	233	厚体酸性岩岩暗暗棕壤
暗棕壤	草甸暗棕壤	麻沙质草甸暗暗棕壤	麻沙质草甸暗暗棕壤	03040102	A – B – C	235	中体基性岩岩草甸暗棕壤
黑土	黑土	黄土质黑土	薄层黄土质黑土	05010303	A – AB – B – C	411	薄层坡积黄土状物黑土
黑土	黑土	黄土质黑土	薄层黄土质黑土	05010303	A – AB – B – C	414	薄层黄土状物黑土
黑土	黑土	黄土质黑土	中层黄土质黑土	05010302	A – AB – B – C	415	中层黄土状物黑土
黑土	草甸黑土	黄土质草甸黑土	薄层黄土质草甸黑土	05020303	A – AB – B – C	421	薄层坡积黄黄土状物草甸黑土
草甸土	草甸土	沙壤质草甸土	薄层沙壤质草甸土	05020303	A – AB – B – C	423	薄层黄土状物草甸黑土
草甸土	草甸土	黏壤质草甸土	薄层黏壤质草甸土	08010403	A – B – C	514	黏体壤质暗暗色草甸土

（续表）

土类	亚类	土属	新土种	代码	剖面构型	原代码	原土种
草甸土	草甸土	黏壤质草甸土	薄层黏壤质草甸土	08010403	A－B－C	515	通体壤质暗色草甸土
草甸土	草甸土	黏壤质草甸土	薄层黏壤质草甸土	08010403	A－B－C	512	沙体壤质暗色草甸土
草甸土	草甸土	沙砾底草甸土	薄层沙砾底草甸土	08010203	A－B－C	516	卵体壤质暗色草甸土
草甸土	潜育草甸土	黏壤底潜育草甸土	薄层黏壤质潜育草甸土	08040203	A－Bg－Cg	522	黏体壤质潜育色草甸土
草甸土	潜育草甸土	黏壤质潜育草甸土	薄层黏壤质潜育草甸土	08040203	A－Bg－Cg	523	黏底壤质潜育色草甸土

表 2－12　土壤分类表

土类	亚类	土属	新土种	代码	剖面构型	原代码	原土种
草甸土	潜育草甸土	黏壤质潜育草甸土	薄层黏壤质潜育草甸土	08040203	A－Bg－Cg	524	通体壤质潜育色草甸土
草甸土	潜育草甸土	沙砾底潜育草甸土	薄层沙砾底潜育草甸土	08040103	A－Bg－Cg	525	卵底壤质潜育色草甸土
草甸土	潜育草甸土	沙砾底潜育草甸土	薄层沙砾底潜育草甸土	08040103	A－Bg－Cg	526	卵体壤质潜育色草甸土
草甸土	潜育草甸土	沙砾底潜育草甸土	薄层沙砾底潜育草甸土	08040103	A－Bg－Cg	521	沙底壤质潜育色草甸土
沼泽土	沼泽土	沙砾底沼泽土	薄层沙砾底沼泽土	09010103	A－Bg－G	610	沼泽土
沼泽土	草甸沼泽土	黏质草甸沼泽土	薄层黏质草甸沼泽土	09030203	A－Bg－G	630	草甸沼泽土
沼泽土	泥炭沼泽土	泥炭腐殖质沼泽土	薄层泥炭腐殖质泽土	09020203	A－Bg－G	620	腐泥沼泽土

表 2-13　土类耕地面积与土壤面积对比　　　　　　　（单位：hm²）

土类	土壤面积	耕地面积	占土壤面积（%）
暗棕壤	1 249 746. 7	30 299. 75	2. 42
黑土	82 900. 96	17 679. 24	21. 33
沼泽土	334 596. 11	13 473. 19	4. 03
草甸土	202 756. 2	7 048. 35	3. 48

表 2-14　亚类耕地面积与土壤面积对比　　　　　　　（单位：hm²）

亚类	土壤面积	耕地面积	占土壤面积（%）
暗棕壤	771 466	30 002. 6	3. 89
白浆化暗棕壤	241 630. 9	159. 7	0. 07
草甸暗棕壤	236 649. 8	137. 18	0. 06
黑土	26 528. 31	15 633. 81	58. 93
草甸黑土	56 372. 65	2 045. 43	3. 63
草甸土	178 121. 4	688. 33	0. 39
潜育化草甸土	24 634. 77	6 360. 02	25. 82
沼泽土	250 947. 1	804. 82	0. 32
草甸沼泽土	70 265. 18	12 531. 65	17. 83
泥炭沼泽土	13 383. 84	136. 72	1. 02

表 2-15　土属耕地面积与土壤面积对比　　　　　　　（单位：hm²）

土属	土壤面积	耕地面积	占土壤面积（%）
亚暗矿质暗棕壤	347 159. 7	12 559. 77	3. 62
暗矿质暗棕壤	246 869. 12	17 413. 07	7. 05
沙砾质暗棕壤	177 437. 18	29. 76	0. 02
亚暗矿质白浆化暗棕壤	241 630. 9	159. 97	0. 07
亚暗矿质草甸暗棕壤	165 654. 86	134. 76	0. 08
麻沙质草甸暗棕壤	70 994. 94	2. 42	0. 00
黄土质黑土	25 201. 90	15 436. 25	61. 25
沙底黑土	14 590. 58	197. 56	1. 35
黄土质草甸黑土	56 372. 65	2 045. 43	3. 63
沙壤质草甸土	56 998. 85	32. 19	0. 06
黏壤质草甸土	58 780. 06	587. 17	1. 00
沙砾底草甸土	62 342. 49	68. 97	0. 11
黏壤质潜育草甸土	16 505. 30	1 943. 53	11. 78
沙砾底潜育草甸土	8 129. 47	4 416. 49	54. 33
沙砾底沼泽土	250 947. 1	804. 82	0. 32
黏质草甸沼泽土	70 265. 18	12 531. 65	17. 83
泥炭腐殖质沼泽土	13 383. 84	136. 72	1. 02

表 2 - 16　土类面积分布　　　　　　　　　（单位：hm²）

土类名称	白音河管理区	大子杨山管理区	甘多管理区	古里河管理区	沿江管理区	中兴管理区	合计
暗棕壤	4 228	3 576.5	3 980.69	6 531.91	4 600.16	7 382.47	30 299.73
草甸土	444.19	480.07	899.49	3 476.17	1 128.12	620.18	7 048.22
黑土	2 111.43	3 723.3	577.63	6 863.69	2 971.12	1 432.29	17 679.46
沼泽土	776.11	3 626.98	1 527.46	2 430.57	3 360.21	1 751.84	13 473.17
合计	7 559.73	11 406.85	6 985.27	19 302.34	12 059.61	11 186.78	68 500.58

表 2 - 17　土属面积分布　　　　　　　　　（单位：hm²）

土属名称	白音河管理区	大子杨山管理区	甘多管理区	古里河管理区	沿江管理区	中兴管理区
亚暗矿质暗棕壤	487.18	1 159.48	3 903.26	3 153.01	3 857	
暗矿质暗棕壤	3 740.84	2 247.07	76.64	3 378.9	587	7 382.47
沙砾质暗棕壤	0	29.76	0	0	0	0
亚暗矿质白浆化暗棕壤	0	6.23	0	0	153.74	0
亚暗矿质草甸暗棕壤	0	133.96	0.79	0	0	0
麻沙质草甸暗棕壤	0	0	0	0	0	2.42
黄土质黑土	2 051.37	1 970.44	462.06	6 746.37	2 824.67	1 432.29
沙底黑土	0	0	0	0	146.45	0
黄土质草甸黑土	60.06	1 752.86	115.57	117.32	0	0
沙砾底潜育草甸土	444.19	299.33	493.24	1 581.31	978.1	620.18
沙壤质草甸土	0	0	32.19	0	0	0
黏壤质草甸土	0	0	247.13	246.26	93.84	0
沙砾底草甸土	0	0	12.79	0	56.18	0
黏壤质潜育草甸土	0	180.74	114.14	1 648.6	0	0
沙砾底沼泽土	51.18	159.16	275.04	25.91	293.52	0
黏质草甸沼泽土	724.91	3467.82	1 115.7	2 404.66	3 066.69	1751.84
泥炭腐殖质沼泽土	0	0	136.72	0	0	0
合计	7 559.73	11 406.9	6 985.27	19 302.3	12 059.6	11 186.8

表 2 - 18　土种面积分布　　　　　　　　　（单位：hm²）

土种名称	白音河管理区	大子杨山管理区	甘多管理区	古里河管理区	沿江管理区	中兴管理区
亚暗矿质暗棕壤	487.18	1 159.48	3 903.26	3 153.01	3 857	0
暗矿质暗棕壤	3 740.84	2 247.07	76.64	3 378.9	587	7 382.47
沙砾质暗棕壤	0	29.76	0	0	0	0
亚暗矿质白浆化暗棕壤	0	6.23	0	0	153.74	0

（续表）

土种名称	白音河管理区	大子杨山管理区	甘多管理区	古里河管理区	沿江管理区	中兴管理区
亚暗矿质草甸暗棕壤	0	133.96	0.79	0	0	0
麻沙质草甸暗棕壤	0	0	0	2.42	0	0
中层黄土质黑土	0	130.16	51.11	0	968.84	0
薄层黄土质黑土	2 051.37	1 840.28	410.95	6 746.37	1 855.83	1 432.29
中层沙底黑土	0	0	0	0	146.45	0
薄层黄土质草甸黑土	60.06	1 752.86	115.57	117.32	0	0
薄层沙砾底潜育草甸土	444.19	299.33	493.24	1 581.31	978.1	620.18
薄层沙壤质草甸土	0	0	32.19	0	0	0
薄层黏壤质草甸土	0	0	247.13	246.26	93.84	0
薄层沙砾底草甸土	0	0	12.79	0	56.18	0
薄层黏壤质潜育草甸土	0	180.74	114.14	1 648.6	0	0
薄层沙砾底沼泽土	51.18	159.16	275.04	25.91	293.52	0
薄层黏质草甸沼泽土	724.91	3 467.82	1 115.7	2 404.66	3 066.69	1 751.84
薄层泥炭腐殖质沼泽土	0	0	136.72	0	0	0
合计	7 559.73	11 406.9	6 985.27	19 302.3	12 059.6	11 186.8

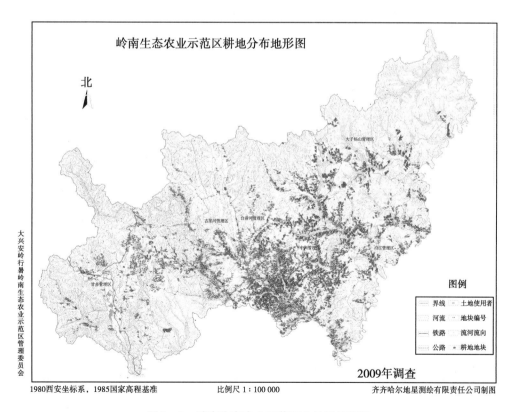

图 2−5　岭南生态农业示范区土地利用现状

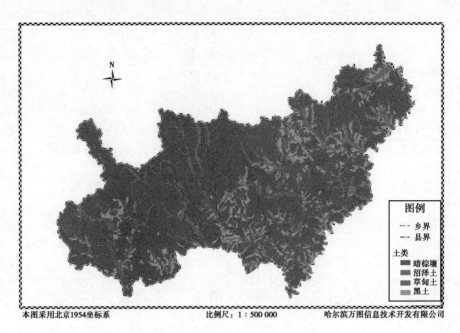

本图采用北京1954坐标系　　　　　　　　比例尺：1：500 000　　　　　　哈尔滨万图信息技术开发有限公司

图 2 - 6　岭南生态农业示范区土壤

三、岭南生态农业示范区土壤养分分级

通过对岭南生态农业示范区 2010 年采集的耕地地力评价土样进行化验分析，全区耕地土壤各种养分含量分析如下。

（一）土壤有机质分级分布统计

土壤有机质被认为是衡量土壤肥力的重要指标之一，它是植物养分的来源，能够改善土壤的结构和物理化学性质、提高土壤的保肥能力和缓冲性能、具有生理活性，能促进作物生长发育、具有络合作用，有助于消除土壤的污染。土壤有机质是陆地碳储量主要库，有机碳的稳定性又关系到温室效应等全球变化，中国因森林破坏、水土流失而造成持续的、严重的土壤碳汇损失，黑龙江省土壤分级标准，该区土壤有机质含量共分六级。从分级上看出土壤有机质大部分在 1 级、2 级、3 级占耕地面积的 90%，说明岭南生态农业示范区土壤有机质含量较高（表 2 - 19 至表 2 - 21）。

表 2 - 19　土壤有机质含量分级　　　　　　　　　　（单位：g/ kg、hm²）

分级标准	1	2	3	4	5	6
	>60	40 ~ 60	30 ~ 40	20 ~ 30	10 ~ 20	<10
面积	42 720.48	24 614.05	4 466.05	0	0	0
占土壤总面积	62.37	35.93	1.7	0	0	0

表 2 - 20　有机质分级面积统计　　　　　　　　（单位：hm²）

乡镇名称	合计面积	1		2		3		4		5		6	
		面积	占总面积（%）	面积	占总面积（%）	面积	占总面积（%）	面积	占总面积（%）	面积	占总面积（%）	面积	占总面积（%）
合计	68 500.58	54 867.50	80.10	13 023.90	19.00	442.10	0.60	0	0	0	0	0	0
白音河管理区	7 559.73	5 394.04	71.35	2 146.65	28.40	19.04	0.25	0	0	0	0	0	0
甘多管理区	6 985.27	1 223.84	17.52	5 636.77	80.70	124.66	1.78	0	0	0	0	0	0
大子杨山管理区	11 406.85	7 754.53	67.98	3 411.76	29.91	240.56	2.11	0	0	0	0	0	0
中兴管理区	11 186.78	8 380.61	74.92	2 717.51	24.29	88.66	0.79	0	0	0	0	0	0
古里河管理区	19 302.34	13 247.65	68.63	5 782.32	29.96	272.37	1.41	0	0	0	0	0	0
沿江管理区	12 059.61	6 719.81	55.72	4 919.04	40.79	420.76	3.49	0	0	0	0	0	0

表 2 - 21　有机质分级面积统计　　　　　　　　（单位：hm²）

新土类、土种名称	合计面积	1		2		3		4		5		6	
		面积	占总面积（%）	面积	占总面积（%）	面积	占总面积（%）	面积	占总面积（%）	面积	占总面积（%）	面积	占总面积（%）
一、暗棕壤	30 299.75	20 173.59	66.58	9 707.92	32.04	418.24	1.38	0	0	0	0	0	0
亚暗矿质暗棕壤	12 559.93	6 596.79	52.52	5 718.73	45.53	244.41	1.95	0	0	0	0	0	0
暗矿质暗棕壤	17 412.92	13 439.09	77.18	3 881.67	22.29	92.16	0.53	0	0	0	0	0	0
沙砾质暗棕壤	29.76	20.74	69.69	9.02	30.31	0	0	0	0	0	0	0	0
亚暗矿质白浆化暗棕壤	159.97	114.55	71.61	45.42	28.39	0	0	0	0	0	0	0	0
亚暗矿质草甸暗棕壤	134.75	0	0	53.08	39.39	81.67	60.61	0	0	0	0	0	0
麻沙质草甸暗棕壤	2.42	2.42	100	0	0	0	0	0	0	0	0	0	0
二、黑土	17 679.46	10 713.63	60.6	6 719.39	38.01	246.44	1.39	0	0	0	0	0	0
中层黄土质黑土	1 150.11	51.11	4.44	981.61	85.35	117.39	10.21	0	0	0	0	0	0
薄层黄土质黑土	14 337.09	9 230.63	64.38	5 078.51	35.42	27.95	0.19	0	0	0	0	0	0
中层沙底黑土	146.45	95.34	65.1	51.11	34.9	0	0	0	0	0	0	0	0
薄层黄土质草甸黑土	2 045.81	1 336.55	65.33	608.16	29.73	101.1	4.94	0	0	0	0	0	0
三、草甸土	7 048.22	2 927.56	41.54	3 851.71	54.65	268.95	3.82	0	0	0	0	0	0
薄层沙砾底潜育草甸土	4 416.35	2 126.25	48.14	2 069.01	46.85	221.09	5.01	0	0	0	0	0	0
薄层沙壤质草甸土	32.19	0	0	27.79	86.33	4.4	13.67	0	0	0	0	0	0
薄层黏壤质草甸土	587.23	104.69	17.83	474.19	80.75	8.35	1.42	0	0	0	0	0	0
薄层沙砾底草甸土	68.97	49.66	72	19.31	28	0	0	0	0	0	0	0	0

（续表）

新土类、土种名称	合计面积	1 面积	1 占总面积(%)	2 面积	2 占总面积(%)	3 面积	3 占总面积(%)	4 面积	4 占总面积(%)	5 面积	5 占总面积(%)	6 面积	6 占总面积(%)
薄层黏壤质潜育草甸土	1 943.48	646.96	33.29	1 261.41	64.9	35.11	1.81	0	0	0	0	0	0
四、沼泽土	13 473.15	8 905.7	66.1	4 326.68	32.11	240.77	1.79	0	0	0	0	0	0
薄层沙砾底沼泽土	804.81	389.47	48.39	415.34	51.61	0	0	0	0	0	0	0	0
薄层黏质草甸沼泽土	12 531.62	8 516.23	67.96	3 774.62	30.12	240.77	1.92	0	0	0	0	0	0
薄层泥炭腐殖质沼泽土	136.72	0	0	136.72	100	0	0	0	0	0	0	0	0

（二）土壤全氮含量分级分布情况

土壤全氮含量分级分布情况，见表2-22至表2-24。

表2-22 土壤全氮含量分级　　　　　　　　　　（单位：hm²、g/kg）

分级	1	2	3	4	5	6
分级标准	>2.5	2.0～2.5	1.5～2.0	1.0～1.5	<1.0	>2.5
面积	0	0	662.15	7 099.4	60 739	0
占土壤总面积（%）	0	0	1	10.4	88.7	0

表2-23 全氮分级面积统计表　　　　　　　　　　（单位：hm²）

乡镇名称	合计面积	1 面积	1 占总面积(%)	2 面积	2 占总面积(%)	3 面积	3 占总面积(%)	4 面积	4 占总面积(%)	5 面积	5 占总面积(%)	6 面积	6 占总面积(%)
合计	68 500.5	0.0	0.0	0.0	0.0	662.1	1.0	7 099.4	10.4	60 739.0	88.7	0.0	0.0
白音河管理区	7 559.7	0.0	0.0	0.0	0.0	0.0	0.0	1 010.8	13.4	6 548.9	0.2	0.0	0.0
甘多管理区	6 985.3	0.0	0.0	0.0	0.0	70.9	1.0	749.9	10.7	6 164.5	0.2	0.0	0.0
大子杨山管理区	11 406.8	0.0	0.0	0.0	0.0	0.0	0.0	78.8	0.7	11 328.0	0.0	0.0	0.0
中兴管理区	11 186.9	0.0	0.0	0.0	0.0	0.0	0.0	106.4	1.0	11 080.4	0.0	0.0	0.0
古里河管理区	19 302.2	0.0	0.0	0.0	0.0	320.3	1.7	4 701.8	24.4	14 280.1	0.1	0.0	0.0
沿江管理区	12 059.6	0.0	0.0	0.0	0.0	270.9	2.2	451.7	3.7	11 337.0	0.0	0.0	0.0

表2-24 全氮分级面积统计　　　　　　　　　　（单位：hm²）

新土类、土种名称	合计面积	1 面积	1 占总面积(%)	2 面积	2 占总面积(%)	3 面积	3 占总面积(%)	4 面积	4 占总面积(%)	5 面积	5 占总面积(%)	6 面积	6 占总面积(%)
一、暗棕壤	30 299.8	22 399.7	73.9	5 782.2	19.1	1 806.0	6.0	273.0	0.9	32.1	0.1	6.8	0.0
亚暗矿质暗棕壤	12 559.8	8 886.3	70.8	3 498.3	27.9	169.3	1.3	6.0	0.0	0.0	0.0	0.0	0.0

（续表）

新土类、土种名称	合计面积	1		2		3		4		5		6	
		面积	占总面积（%）	面积	占总面积（%）	面积	占总面积（%）	面积	占总面积（%）	面积	占总面积（%）	面积	占总面积（%）
暗矿质暗棕壤	17 413.1	13 211.0	75.9	2 259.4	13.0	1 636.8	9.4	267.0	1.5	32.1	0.0	6.8	0.0
沙砾质暗棕壤	29.8	29.8	100.0	0.0	0.0	0.0	0.0	0.0	0.0	0.0	0.0	0.0	0.0
亚暗矿质白浆化暗棕壤	160.0	154.0	96.2	6.0	3.8	0.0	0.0	0.0	0.0	0.0	0.0	0.0	0.0
亚暗矿质草甸暗棕壤	134.8	118.7	88.1	16.1	11.9	0.0	0.0	0.0	0.0	0.0	0.0	0.0	0.0
麻沙质草甸暗棕壤	2.4	0.0	0.0	2.4	100.0	0.0	0.0	0.0	0.0	0.0	0.0	0.0	0.0
二、黑土	17 679.2	11 419.7	64.6	5 300.2	30.0	534.5	3.0	268.9	1.5	146.7	0.8	9.3	0.1
薄层黄土质黑土	14 337.2	8 710.9	60.8	4 736.1	33.0	523.0	3.6	211.3	1.5	146.7	0.1		
中层黄土质黑土	1 099.0	895.5	81.5	203.5	18.5	0.0	0.0	0.0	0.0	0.0	0.0	0.0	0.0
中层沙底黑土	197.6	146.5	74.1	0.0	0.0	1.5	0.7	49.7	25.1	0.0	12.7	0.0	
薄层黄土质草甸黑土	2 045.4	1 666.7	81.5	360.6	17.6	10.1	0.5	8.0	0.4	0.0	0.0	0.0	0.0
三、草甸土	7 048.3	4 187.9	59.4	2 604.4	36.9	52.8	0.7	155.5	2.2	47.7	0.7	0.0	
薄层沙壤质草甸土	32.2	3.9	12.0	27.5	85.4	0.0	0.0	0.8	2.5	0.0	7.9	0.0	
薄层黏壤质草甸土	587.2	324.9	55.3	260.5	44.4	1.8	0.3	0.0	0.0	0.0	0.0	0.0	0.0
薄层沙砾底草甸土	69.0	69.0	100.0	0.0	0.0	0.0	0.0	0.0	0.0	0.0	0.0	0.0	0.0
薄层黏壤质潜育草甸土	1 943.5	1 422.7	73.2	415.4	21.4	4.8	0.2	53.0	2.7	47.7	0.1	0.0	
薄层沙砾底潜育草甸土	4 416.5	2 367.5	53.6	1 901.0	43.0	46.3	1.0	101.7	2.3	0.0	0.1	0.0	
四、沼泽土	13 473.2	11 450.0	85.0	1 633.5	12.1	140.1	1.0	77.4	0.6	171.5	1.3	0.0	
薄层沙砾底沼泽土	804.8	559.8	69.6	173.5	21.6	16.6	2.1	13.2	1.6	41.6	0.2	0.0	
薄层黏质草甸沼泽土	12 531.7	10 818.9	86.3	1 396.4	11.1	122.3	1.0	64.2	0.5	129.9	0.0	0.0	
薄层泥炭腐殖质沼泽土	136.7	71.3	52.2	63.6	46.5	1.8	1.3	0.0	0.0	0.0	0.0	0.0	0.0

（三）土壤碱解氮含量分级分布

土壤碱解氮含量分级分布，见表2-25至表2-27。

表2-25　碱解氮含量分级　　　　　（单位：hm²、mg/kg）

	1	2	3	4	5	6
分级标准	＞250	180～250	120～150	80～120	60～80	＜60

（续表）

	1	2	3	4	5	6
面积	49 457.5	15 114.8	2 622.6	871.8	407.2	26.8
占土壤总面积（%）	72.2	22.1	3.8	1.3	0.57	0.03

表 2-26　碱解氮分级面积统计　　　　　　　（单位：hm²）

乡镇名称	合计面积	1		2		3		4		5		6	
		面积	占总面积（%）	面积	占总面积（%）	面积	占总面积（%）	面积	占总面积（%）	面积	占总面积（%）	面积	占总面积（%）
合计	68 500.5	49 457.5	72.2	15 114.8	22.1	2 622.6	3.8	871.8	1.3	407.2	0.6	26.8	0.0
白音河管理区	7 559.7	5 089.4	67.3	2 174.4	28.8	98.3	1.3	142.9	1.9	38.7	0.5	16.1	0.2
甘多管理区	6 985.3	4 257.5	60.9	2 278.4	32.6	237.5	3.4	176.9	2.5	35.1	0.5	0.0	0.0
大子杨山管理区	11 406.8	9 620.2	84.3	1 512.7	13.3	171.7	1.5	8.0	0.1	94.3	0.8	0.0	0.0
中兴管理区	11 186.9	10 413.2	93.1	559.3	5.0	104.5	0.9	46.2	0.4	63.7	0.6	0.0	0.0
古里河管理区	19 302.2	9 569.3	49.6	7 190.0	37.2	1 858.8	9.6	497.9	2.6	175.5	0.9	10.7	0.1
沿江管理区	12 059.6	10 507.9	87.1	1 400.0	11.6	151.7	1.3	0.0	0.0	0.0	0.0	0.0	0.0

表 2-27　全氮分级面积统计　　　　　　　（单位：hm²）

新土类、土种名称	合计面积	1		2		3		4		5		6	
		面积	占总面积（%）	面积	占总面积（%）	面积	占总面积（%）	面积	占总面积（%）	面积	占总面积（%）	面积	占总面积（%）
一、暗棕壤	30 299.8	22 399.7	73.9	5 782.2	19.1	1 806.0	6.0	273.0	0.9	32.1	0.1	6.8	0.0
亚暗矿质暗棕壤	12 559.8	8 886.3	70.8	3 498.3	27.9	169.3	1.3	6.0	0.0	0.0	0.0	0.0	0.0
暗矿质暗棕壤	17 413.1	13 211.0	75.9	2 259.4	13.0	1 636.8	9.4	267.0	1.5	32.1	0.0	6.8	0.0
沙砾质暗棕壤	29.8	29.8	100.0	0.0	0.0	0.0	0.0	0.0	0.0	0.0	0.0	0.0	0.0
亚暗矿质白浆化暗棕壤	160.0	154.0	96.2	6.0	3.8	0.0	0.0	0.0	0.0	0.0	0.0	0.0	0.0
亚暗矿质草甸暗棕壤	134.8	118.7	88.1	16.1	11.9	0.0	0.0	0.0	0.0	0.0	0.0	0.0	0.0
麻沙质草甸暗棕壤	2.4	0.0	0.0	2.4	100.0	0.0	0.0	0.0	0.0	0.0	0.0	0.0	0.0
二、黑土	17 679.2	11 419.7	64.6	5 300.2	30.0	534.5	3.0	268.9	1.5	146.7	0.8	9.3	0.1
薄层黄土质黑土	14 337.2	8 710.9	60.8	4 736.1	33.0	523.0	3.6	211.3	1.5	146.7	0.8	9.3	0.1
中层黄土质黑土	1 099.0	895.5	81.5	203.5	18.5	0.0	0.0	0.0	0.0	0.0	0.0	0.0	0.0
中层沙底黑土	197.6	146.5	74.1	0.0	0.0	1.5	0.7	49.7	25.1	0.0	12.7	0.0	0.0
薄层黄土质草甸黑土	2 045.4	1 666.7	81.5	360.6	17.6	10.1	0.5	8.0	0.4	0.0	0.0	0.0	0.0
三、草甸土	7 048.3	4 187.9	59.4	2 604.4	36.9	52.8	0.7	155.5	2.2	47.7	0.7	0.0	0.0
薄层沙壤质草甸土	32.2	3.9	12.0	27.5	85.4	0.0	0.0	0.8	2.5	0.0	7.9	0.0	0.0

（续表）

新土类、土种名称	合计面积	1		2		3		4		5		6	
		面积	占总面积（%）	面积	占总面积（%）	面积	占总面积（%）	面积	占总面积（%）	面积	占总面积（%）	面积	占总面积（%）
薄层黏壤质草甸土	587.2	324.9	55.3	260.5	44.4	1.8	0.3	0.0	0.0	0.0	0.0	0.0	0.0
薄层沙砾底草甸土	69.0	69.0	100.0	0.0	0.0	0.0	0.0	0.0	0.0	0.0	0.0	0.0	0.0
薄层黏壤质潜育草甸土	1 943.5	1 422.7	73.2	415.4	21.4	4.8	0.2	53.0	2.7	47.7	0.1	0.0	0.0
薄层沙砾底潜育草甸土	4 416.5	2 367.5	53.6	1 901.0	43.0	46.3	1.0	101.7	2.3	0.0	0.1	0.0	0.0
四、沼泽土	13 473.2	11 450.0	85.0	1 633.5	12.1	140.7	1.0	77.4	0.6	171.5	1.3	0.0	0.0
薄层沙砾底沼泽土	804.8	559.8	69.6	173.5	21.6	16.6	2.1	13.2	1.6	41.6	0.2	0.0	0.0
薄层黏质草甸沼泽土	12 531.7	10 818.9	86.3	1 396.4	11.1	122.3	1.0	64.2	0.5	129.9	0.2	0.0	0.0
薄层泥炭腐殖质沼泽土	136.7	71.3	52.2	63.6	46.5	1.8	1.3	0.0	0.0	0.0	0.0	0.0	0.0

（四）土壤全磷含量分布统计

土壤全磷含量分布统计，见表2-28、表2-29。

表2-28　全磷分级面积统计　（单位：hm²）

乡镇名称	合计面积	1		2		3		4		5		6	
		面积	占总面积（%）	面积	占总面积（%）	面积	占总面积（%）	面积	占总面积（%）	面积	占总面积（%）	面积	占总面积（%）
合计	68 500.5	0.0	0.0	0.0	0.0	0.0	0.0	0.0	0.0	68 500.5	100.0	0.0	0.0
白音河管理区	7 559.7	0.0	0.0	0.0	0.0	0.0	0.0	0.0	0.0	7 559.7	0.0	0.0	0.0
甘多管理区	6 985.3	0.0	0.0	0.0	0.0	0.0	0.0	0.0	0.0	6 985.3	0.0	0.0	0.0
大子杨山管理区	11 406.8	0.0	0.0	0.0	0.0	0.0	0.0	0.0	0.0	11 406.8	0.0	0.0	0.0
中兴管理区	11 186.9	0.0	0.0	0.0	0.0	0.0	0.0	0.0	0.0	11 186.9	0.0	0.0	0.0
古里河管理区	19 302.2	0.0	0.0	0.0	0.0	0.0	0.0	0.0	0.0	19 302.2	0.0	0.0	0.0
沿江管理区	12 059.6	0.0	0.0	0.0	0.0	0.0	0.0	0.0	0.0	12 059.6	0.0	0.0	0.0

表2-29　全磷分级面积统计　（单位：hm²）

新土类、土种名称	合计面积	1		2		3		4		5		6	
		面积	占总面积（%）	面积	占总面积（%）	面积	占总面积（%）	面积	占总面积（%）	面积	占总面积（%）	面积	占总面积（%）
一、暗棕壤	30 299.8	0.0	0.0	0.0	0.0	0.0	0.0	0.0	0.0	30 299.8	100.0	0.0	0.0
亚暗矿质暗棕壤	12 559.8	0.0	0.0	0.0	0.0	0.0	0.0	0.0	0.0	12 559.8	0.0	0.0	0.0
暗矿质暗棕壤	17 413.1	0.0	0.0	0.0	0.0	0.0	0.0	0.0	0.0	17 413.1	0.0	0.0	0.0

（续表）

新土类、土种名称	合计面积	1		2		3		4		5		6	
		面积	占总面积(%)	面积	占总面积(%)	面积	占总面积(%)	面积	占总面积(%)	面积	占总面积(%)	面积	占总面积(%)
沙砾质暗棕壤	29.8	0.0	0.0	0.0	0.0	0.0	0.0	0.0	0.0	29.8	0.0	0.0	0.0
亚暗矿质白浆化暗棕壤	160.0	0.0	0.0	0.0	0.0	0.0	0.0	0.0	0.0	160.0	0.0	0.0	0.0
亚暗矿质草甸暗棕壤	134.8	0.0	0.0	0.0	0.0	0.0	0.0	0.0	0.0	134.8	0.0	0.0	0.0
麻沙质草甸暗棕壤	2.4	0.0	0.0	0.0	0.0	0.0	0.0	0.0	0.0	2.4	0.0	0.0	0.0
二、黑土	17 679.2	0.0	0.0	0.0	0.0	0.0	0.0	0.0	0.0	17 679.2	100.0	0.0	0.0
薄层黄土质黑土	14 337.2	0.0	0.0	0.0	0.0	0.0	0.0	0.0	0.0	14 337.2	0.0	0.0	0.0
中层黄土质黑土	1 099.0	0.0	0.0	0.0	0.0	0.0	0.0	0.0	0.0	1 099.0	0.0	0.0	0.0
中层沙底黑土	197.6	0.0	0.0	0.0	0.0	0.0	0.0	0.0	0.0	197.6	0.0	0.0	0.0
薄层黄土质草甸黑土	2 045.4	0.0	0.0	0.0	0.0	0.0	0.0	0.0	0.0	2 045.4	0.0	0.0	0.0
三、草甸土	7 048.3	0.0	0.0	0.0	0.0	0.0	0.0	0.0	0.0	7 048.3	100.0	0.0	0.0
薄层沙壤质草甸土	32.2	0.0	0.0	0.0	0.0	0.0	0.0	0.0	0.0	32.2	0.0	0.0	0.0
薄层黏壤质草甸土	587.2	0.0	0.0	0.0	0.0	0.0	0.0	0.0	0.0	587.2	0.0	0.0	0.0
薄层沙砾底草甸土	69.0	0.0	0.0	0.0	0.0	0.0	0.0	0.0	0.0	69.0	0.0	0.0	0.0
薄层黏壤质潜育草甸土	1 943.5	0.0	0.0	0.0	0.0	0.0	0.0	0.0	0.0	1 943.5	0.0	0.0	0.0
薄层沙砾底潜育草甸土	4 416.5	0.0	0.0	0.0	0.0	0.0	0.0	0.0	0.0	4 416.5	0.0	0.0	0.0
四、沼泽土	13 473.2	0.0	0.0	0.0	0.0	0.0	0.0	0.0	0.0	13 473.2	100.0	0.0	0.0
薄层沙砾底沼泽土	804.8	0.0	0.0	0.0	0.0	0.0	0.0	0.0	0.0	804.8	0.0	0.0	0.0
薄层黏质草甸沼泽土	12 531.7	0.0	0.0	0.0	0.0	0.0	0.0	0.0	0.0	12 531.7	0.0	0.0	0.0
薄层泥炭腐殖质沼泽土	136.7	0.0	0.0	0.0	0.0	0.0	0.0	0.0	0.0	136.7	0.0	0.0	0.0

（五）土壤有效磷含量分级的分布情况

土壤有效磷含量分级的分布情况，见表 2-30 至表 2-32。

表 2-30　有效磷的含量分级　　　　　（单位：hm²、mg/kg）

分级标准	1	2	3	4	5	6
	>100	40~100	20~40	10~20	5~10	<5
面积	47 205.4	16 760.8	3 104.8	1 397.6	32	0
占土壤总面积（%）	68.9	24.5	4.5	2	0	0

表 2 – 31 有效磷分级面积统计 （单位：hm²）

乡镇名称	合计面积	1		2		3		4		5		6	
		面积	占总面积（%）	面积	占总面积（%）	面积	占总面积（%）	面积	占总面积（%）	面积	占总面积（%）	面积	占总面积（%）
合计	68 500.5	47 205.4	68.9	16 760.8	24.5	3 104.8	4.5	1 397.6	2.0	32.0	0.0	0.0	0.0
白音河管理区	7 559.7	5 345.8	70.7	1 531.7	20.3	577.6	7.6	72.7	1.0	32.0	0.0	0.0	0.0
甘多管理区	6 985.3	1 953.9	28.0	4 408.0	63.1	601.0	8.6	22.4	0.3	0.0	0.0	0.0	0.0
大子杨山管理区	11 406.8	8278.5	72.6	2 511.4	22.0	405.8	3.6	211.0	1.9	0.0	0.0	0.0	0.0
中兴管理区	11 186.9	8 675.7	77.6	1 882.9	16.8	376.9	3.4	251.3	2.2	0.0	0.0	0.0	0.0
古里河管理区	19 302.2	15 611.5	80.9	2 852.0	14.8	826.7	4.3	12.1	0.1	0.0	0.0	0.0	0.0
沿江管理区	12 059.6	7 340.1	60.9	3 574.8	29.6	316.7	2.6	828.0	6.9	0.0	0.1	0.0	0.0

表 2 – 32 有效磷分级面积统计 （单位：hm²）

新土类、土种名称	合计面积	1		2		3		4		5		6	
		面积	占总面积（%）	面积	占总面积（%）	面积	占总面积（%）	面积	占总面积（%）	面积	占总面积（%）	面积	占总面积（%）
一、暗棕壤	30 299.8	21 451.0	70.8	7 376.2	24.3	1 124.2	3.7	348.4	1.1	0.0	0.0	0.0	0.0
亚暗矿质暗棕壤	12 559.8	7 319.9	58.3	4 731.0	37.7	475.0	3.8	33.9	0.3	0.0	0.0	0.0	0.0
暗矿质暗棕壤	17 413.1	13 913.2	79.9	2 560.3	14.7	643.0	3.7	296.0	1.7	0.0	0.0	0.0	0.0
沙砾质暗棕壤	29.8	11.6	38.8	0.0	0.0	0.0	0.0	18.2	61.2	0.0	205.6	0.0	0.0
亚暗矿质白浆化暗棕壤	160.0	154.0	96.2	0.0	0.0	6.0	3.8	0.0	0.0	0.0	0.0	0.0	0.0
亚暗矿质草甸暗棕壤	134.8	52.3	38.8	82.5	61.2	0.0	0.0	0.0	0.0	0.0	0.0	0.0	0.0
麻沙质草甸暗棕壤	2.4	0.0	0.0	2.4	100.0	0.0	0.0	0.0	0.0	0.0	0.0	0.0	0.0
二、黑土	17 679.2	13 168.6	74.5	3 006.1	17.0	881.6	5.0	594.8	3.4	28.1	0.2	0.0	0.0
薄层黄土质黑土	14 337.2	10 901.1	76.0	2 529.7	17.6	830.5	5.8	47.7	0.3	28.1	0.2	0.0	0.0
中层黄土质黑土	1 099.0	432.8	39.4	119.0	10.8	0.0	0.0	547.1	49.8	0.0	4.5	0.0	0.0
中层沙底黑土	197.6	146.5	74.1	0.0	0.0	51.1	25.9	0.0	0.0	0.0	0.0	0.0	0.0
薄层黄土质草甸黑土	2 045.4	1 688.2	82.5	357.3	17.5	0.0	0.0	0.0	0.0	0.0	0.0	0.0	0.0
三、草甸土	7 048.3	3 929.2	55.7	2 146.8	30.5	719.1	10.2	253.2	3.6	0.0	0.0	0.0	0.0
薄层沙壤质草甸土	32.2	9.7	30.1	10.4	32.2	12.2	37.8	0.0	0.0	0.0	0.0	0.0	0.0
薄层黏壤质草甸土	587.2	120.9	20.6	387.2	65.9	79.1	13.5	0.0	0.0	0.0	0.0	0.0	0.0
薄层沙砾底草甸土	69.0	56.2	81.5	0.0	0.0	12.8	18.5	0.0	0.0	0.0	0.0	0.0	0.0
薄层黏壤质潜育草甸土	1 943.5	1 267.5	65.2	369.9	19.0	294.1	15.1	12.1	0.6	0.0	0.0	0.0	0.0
薄层沙砾底潜育草甸土	4 416.5	2 475.0	56.0	1 379.4	31.2	321.1	7.3	241.1	5.5	0.0	0.1	0.0	0.0

（续表）

新土类、土种名称	合计面积	1		2		3		4		5		6	
		面积	占总面积（%）	面积	占总面积（%）	面积	占总面积（%）	面积	占总面积（%）	面积	占总面积（%）	面积	占总面积（%）
四、沼泽土	13 473.2	8 656.6	64.3	4 231.8	31.4	379.9	2.8	201.1	1.5	3.9	0.0	0.0	0.0
薄层沙砾底沼泽土	804.8	539.4	67.0	242.0	30.1	19.6	2.4	0.0	0.0	3.9	0.0	0.0	0.0
薄层黏质草甸沼泽土	12 531.7	8 111.7	64.7	3 861.9	30.8	356.9	2.8	201.1	1.6	0.0	0.0	0.0	0.0
薄层泥炭腐殖质沼泽土	136.7	5.5	4.0	127.9	93.5	3.4	2.5	0.0	0.0	0.0	0.0	0.0	0.0

（六）土壤全钾含量分布统计

土壤全钾含量分布统计，见表2-33、表2-34。

表2-33 全钾分级面积统计 （单位：hm² 、mg/kg）

乡镇名称	合计面积	1		2		3		4		5		6	
		面积	占总面积（%）	面积	占总面积（%）	面积	占总面积（%）	面积	占总面积（%）	面积	占总面积（%）	面积	占总面积（%）
合计	68 500.5	33.9	0.0	66.2	0.1	379.8	0.6	3 975.0	5.8	31 030.7	45.3	33 014.9	48.2
白音河管理区	7 559.7	8.0	0.1	12.1	0.2	152.4	2.0	700.0	9.3	5 855.4	0.1	831.9	11.0
甘多管理区	6 985.3	0.0	0.0	0.0	0.0	0.0	0.0	8.0	0.1	856.0	0.0	6 121.3	87.6
大子杨山管理区	11 406.8	0.0	0.0	0.0	0.0	0.0	0.0	176.3	1.5	5 377.5	0.0	5 853.0	51.3
中兴管理区	11 186.9	21.6	0.2	0.0	0.0	123.1	1.1	1 493.8	13.4	7 861.8	0.1	1 686.6	15.1
古里河管理区	19 302.2	4.4	0.0	37.0	0.2	104.3	0.5	1 339.7	6.9	8 915.6	0.0	8 901.4	46.1
沿江管理区	12 059.6	0.0	0.0	17.2	0.1	0.0	0.0	257.2	2.1	2 164.5	0.0	9 620.7	79.8

表2-34 全钾分级面积统计 （单位：hm² 、mg/kg）

新土类、土种名称	合计面积	1		2		3		4		5		6	
		面积	占总面积（%）	面积	占总面积（%）	面积	占总面积（%）	面积	占总面积（%）	面积	占总面积（%）	面积	占总面积（%）
一、暗棕壤	30 299.8	10.5	0.0	5.6	0.0	177.8	0.6	1 846.2	6.1	14 927.5	49.3	13 332.3	44.0
亚暗矿质暗棕壤	12 559.8	4.4	0.0	0.0	0.0	30.2	0.2	275.0	2.2	4 160.6	0.0	8 089.6	64.4
暗矿质暗棕壤	17 413.1	6.1	0.0	5.6	0.0	147.6	0.8	1 571.2	9.0	10 619.3	0.1	5 063.4	29.1
沙砾质暗棕壤	29.8	0.0	0.0	0.0	0.0	0.0	0.0	0.0	0.0	29.8	0.0	0.0	0.0
亚暗矿质白浆化暗棕壤	160.0	0.0	0.0	0.0	0.0	0.0	0.0	0.0	0.0	0.0	0.0	160.0	100.0
亚暗矿质草甸暗棕壤	134.8	0.0	0.0	0.0	0.0	0.0	0.0	0.0	0.0	117.9	0.0	16.9	12.5
麻沙质草甸暗棕壤	2.4	0.0	0.0	0.0	0.0	0.0	0.0	0.0	0.0	0.0	0.0	2.4	100.0
二、黑土	17 679.2	15.7	0.1	20.7	0.1	88.4	0.5	1 666.3	9.4	6 773.0	38.3	9 115.2	51.6

（续表）

新土类、土种名称	合计面积	1		2		3		4		5		6	
		面积	占总面积（%）	面积	占总面积（%）	面积	占总面积（%）	面积	占总面积（%）	面积	占总面积（%）	面积	占总面积（%）
薄层黄土质黑土	14 337.2	15.7	0.1	3.5	0.0	88.4	0.6	1 666.3	11.6	5 333.1	0.1	7 230.3	50.4
中层黄土质黑土	1 099.0	0.0	0.0	0.0	0.0	0.0	0.0	0.0	0.0	0.0	0.0	1 099.0	100.0
中层沙底黑土	197.6	0.0	0.0	17.2	8.7	0.0	0.0	0.0	0.0	51.1	0.0	129.2	65.4
薄层黄土质草甸黑土	2 045.4	0.0	0.0	0.0	0.0	0.0	0.0	0.0	0.0	1 388.8	0.0	656.7	32.1
三、草甸土	7 048.3	0.0	0.0	37.0	0.5	41.8	0.6	318.0	4.5	3 179.2	45.1	977.7	13.9
薄层沙壤质草甸土	32.2	0.0	0.0	0.0	0.0	0.0	0.0	0.0	0.0	8.3	0.0	23.9	74.2
薄层黏壤质草甸土	587.2	0.0	0.0	0.0	0.0	0.0	0.0	132.6	22.6	74.6	3.8	380.0	64.7
薄层沙砾底草甸土	69.0	0.0	0.0	0.0	0.0	0.0	0.0	0.0	0.0	0.0	0.0	69.0	100.0
薄层黏壤质潜育草甸土	1 943.5	0.0	0.0	37.0	1.9	40.3	2.1	29.8	1.5	1 331.6	0.1	504.9	26.0
薄层沙砾底潜育草甸土	4 416.5	0.0	0.0	0.0	0.0	1.5	0.0	155.6	3.5	1 764.7	0.1	2 494.7	56.5
四、沼泽土	13 473.2	7.8	0.1	3.0	0.0	71.8	0.5	144.6	1.1	6 151.0	45.7	7 095.0	52.7
薄层沙砾底沼泽土	804.8	0.0	0.0	0.0	0.0	25.9	3.2	9.3	1.2	91.0	0.1	678.6	84.3
薄层黏质草甸沼泽土	12 531.7	7.8	0.1	3.0	0.0	45.9	0.4	135.3	1.1	6 060.0	0.0	6 279.6	50.1
薄层泥炭腐殖质沼泽土	136.7	0.0	0.0	0.0	0.0	0.0	0.0	0.0	0.0	0.0	0.0	136.7	100.0

（七）土壤速效钾含量分布统计

土壤速效钾含量分布统计，见表2-35至表2-37。

表2-35　速效钾含量分级　　　　　　　（单位：hm²、mg/kg）

分级	1	2	3	4	5	6
分级标准	>200	150~200	100~150	50~100	30~50	<30
面积	62 194.8	2 761.5	2 775.3	495.2	273.7	0.0
占土壤总面积（%）	90.8	4.0	4.1	0.7	0.4	0.0

表2-36　速效钾分级面积统计　　　　　　　（单位：hm²）

乡镇名称	合计面积	1		2		3		4		5		6	
		面积	占总面积（%）	面积	占总面积（%）	面积	占总面积（%）	面积	占总面积（%）	面积	占总面积（%）	面积	占总面积（%）
合计	68 500.5	62 194.8	90.8	2 761.5	4.0	2 775.3	4.1	495.2	0.7	273.7	0.4	0.0	0.0

（续表）

乡镇名称	合计面积	1		2		3		4		5		6	
		面积	占总面积（%）	面积	占总面积（%）	面积	占总面积（%）	面积	占总面积（%）	面积	占总面积（%）	面积	占总面积（%）
白音河管理区	7 559.7	7 295.6	96.5	212.2	2.8	41.0	0.5	11.0	0.1	0.0	0.0	0.0	0.0
甘多管理区	6 985.3	6 174.1	88.4	590.4	8.5	200.0	2.9	20.8	0.3	0.0	0.0	0.0	0.0
大子杨山管理区	11 406.8	10 633.8	93.2	317.7	2.8	455.3	4.0	0.0	0.0	0.0	0.0	0.0	0.0
中兴管理区	11 186.9	10 566.0	94.5	376.8	3.4	129.5	1.2	92.5	0.8	22.0	0.0	0.0	0.0
古里河管理区	19 302.2	18 630.9	96.5	299.4	1.6	361.2	1.9	10.7	0.1	0.0	0.0	0.0	0.0
沿江管理区	12 059.6	8 894.4	73.8	965.1	8.0	1 588.2	13.2	360.2	3.0	251.7	0.0	0.0	0.0

表 2－37　速效钾分级面积统计　　（单位：hm²）

新土类、土种名称	合计面积	1		2		3		4		5		6	
		面积	占总面积（%）	面积	占总面积（%）	面积	占总面积（%）	面积	占总面积（%）	面积	占总面积（%）	面积	占总面积（%）
一、暗棕壤	30 299.8	27 687.3	91.4	1 394.7	4.6	1 057.4	3.5	160.4	0.5	0.0	0.0	0.0	0.0
亚暗矿质暗棕壤	12 559.8	10 423.9	83.0	1 189.6	9.5	824.6	6.6	121.7	1.0	0.0	0.0	0.0	0.0
暗矿质暗棕壤	17 413.1	16 942.5	97.3	205.1	1.2	226.8	1.3	38.7	0.2	0.0	0.0	0.0	0.0
沙砾质暗棕壤	29.8	29.8	100.0	0.0	0.0	0.0	0.0	0.0	0.0	0.0	0.0	0.0	0.0
亚暗矿质白浆化暗棕壤	160.0	154.0	96.2	0.0	0.0	6.0	3.8	0.0	0.0	0.0	0.0	0.0	0.0
亚暗矿质草甸暗棕壤	134.8	134.8	100.0	0.0	0.0	0.0	0.0	0.0	0.0	0.0	0.0	0.0	0.0
麻沙质草甸暗棕壤	2.4	2.4	100.0	0.0	0.0	0.0	0.0	0.0	0.0	0.0	0.0	0.0	0.0
二、黑土	17 679.2	16 374.1	92.6	589.2	3.3	509.6	2.9	78.1	0.4	128.2	0.7	0.0	0.0
薄层黄土质黑土	14 337.2	13 382.8	93.3	419.1	2.9	446.5	3.1	78.1	0.5	10.8	0.0	0.0	0.0
中层黄土质黑土	1 099.0	847.2	77.1	134.4	12.2	0.0	0.0	0.0	0.0	117.4	0.0	0.0	0.0
中层沙底黑土	197.6	184.5	93.4	13.1	6.6	0.0	0.0	0.0	0.0	0.0	0.0	0.0	0.0
薄层黄土质草甸黑土	2 045.4	1 959.7	95.8	22.6	1.1	63.1	3.1	0.0	0.0	0.0	0.0	0.0	0.0
三、草甸土	7 048.3	6 073.9	86.2	376.3	5.3	389.6	5.5	77.9	1.1	130.7	1.9	0.0	0.0
薄层沙壤质草甸土	32.2	18.6	57.9	9.7	30.1	0.5	1.6	3.4	10.4	0.0	32.4	0.0	0.0
薄层黏壤质草甸土	587.2	488.9	83.3	80.8	13.8	0.0	0.0	17.4	3.0	0.0	0.5	0.0	0.0
薄层沙砾底草甸土	69.0	56.2	81.5	0.0	0.0	12.8	18.5	0.0	0.0	0.0	0.0	0.0	0.0
薄层黏壤质潜育草甸土	1 943.5	1 932.7	99.4	0.0	0.0	10.8	0.6	0.0	0.0	0.0	0.0	0.0	0.0
薄层沙砾底潜育草甸土	4 416.5	3 577.4	81.0	285.7	6.5	365.5	8.3	57.1	1.3	130.7	0.0	0.0	0.0
四、沼泽土	13 473.2	12 059.4	89.5	401.4	3.0	818.7	6.1	178.8	1.3	14.8	0.1	0.0	0.0

（续表）

新土类、土种名称	合计面积	1 面积	1 占总面积(%)	2 面积	2 占总面积(%)	3 面积	3 占总面积(%)	4 面积	4 占总面积(%)	5 面积	5 占总面积(%)	6 面积	6 占总面积(%)
薄层沙砾底沼泽土	804.8	758.0	94.2	46.9	5.8	0.0	0.0	0.0	0.0	0.0	0.0	0.0	0.0
薄层黏质草甸沼泽土	12 531.7	11 230.2	89.6	294.3	2.3	813.5	6.5	178.8	1.4	14.8	0.0	0.0	0.0
薄层泥炭腐殖质沼泽土	136.7	71.3	52.2	60.2	44.1	5.2	3.8	0.0	0.0	0.0	0.0	0.0	0.0

（八）土壤 pH 值分级统计

土壤 pH 值分级统计，见表 2 – 38。

表 2 – 38　pH 值分级面积统计　　（单位：hm²）

乡镇名称	合计面积	1 面积	1 占总面积(%)	2 面积	2 占总面积(%)	3 面积	3 占总面积(%)	4 面积	4 占总面积(%)	5 面积	5 占总面积(%)	6 面积	6 占总面积(%)
合计	68 500.5	54 867.5	80.1	13 023.9	19.0	455.6	0.7	130.1	0.2	23.3	0.0		
白音河管理区	68 500.5	0.0	0.0	34.1	0.0	1 760.4	2.6	64 080.9	93.5	2 625.2	3.8	0.0	0.0
甘多管理区	7 559.7	0.0	0.0	19.4	0.3	219.3	2.9	7 152.3	94.6	168.9	1.3	0.0	0.0
大子杨山管理区	6 985.3	0.0	0.0	0.0	0.0	84.8	1.2	6 047.1	86.6	853.4	1.2		
中兴管理区	11 406.8	0.0	0.0	14.7	0.1	686.8	6.0	10 496.9	92.0	208.4	0.8	0.0	0.0
古里河管理区	11 186.9	0.0	0.0	0.0	0.0	240.8	2.2	10 840.8	96.9	105.2	0.9	0.0	0.0
沿江管理区	19 302.2	0.0	0.0	0.0	0.0	528.8	2.7	18 389.5	95.3	384.0	0.5	0.0	0.0

（九）土壤有效锌分级统计

土壤有效锌分级统计，见表 2 – 39 至表 2 – 41。

表 2 – 39　有效锌含量分级　　（单位：hm²、mg/kg）

分级	1	2	3	4	5
分级标准	>2	1.51~2.0	1.1~1.5	0.51~1.0	≤0.5
面积	16 936	21 136.2	24 683.4	5 091	654
占土壤总面积（%）	24.7	30.9	36	7.4	1

表 2 – 40　有效锌面积统计　　（单位：hm²）

乡镇名称	合计面积	1 面积	1 占总面积(%)	2 面积	2 占总面积(%)	3 面积	3 占总面积(%)	4 面积	4 占总面积(%)	5 面积	5 占总面积(%)	6 面积	6 占总面积(%)
合计	68 500.5	16 936.0	24.7	21 136.2	30.9	24 683.4	36.0	5 091.0	7.4	654.0	1.0	0.0	0.0
白音河管理区	7 559.7	2 138.9	28.3	2 696.8	35.7	1 611.8	21.3	966.7	12.8	145.7	0.2	0.0	0.0

（续表）

乡镇名称	合计面积	1		2		3		4		5		6	
		面积	占总面积（%）	面积	占总面积（%）	面积	占总面积（%）	面积	占总面积（%）	面积	占总面积（%）	面积	占总面积（%）
甘多管理区	6 985.3	3 010.2	43.1	1 322.9	18.9	2 034.3	29.1	556.6	8.0	61.2	0.1	0.0	0.0
大子杨山管理区	11 406.8	1 784.8	15.6	4 372.7	38.3	3 978.6	34.9	1 134.5	9.9	136.2	0.1	0.0	0.0
中兴管理区	11 186.9	1 137.4	10.2	7 395.5	66.1	2 195.2	19.6	414.7	3.7	43.9	0.0	0.0	0.0
古里河管理区	19 302.2	7 500.2	38.9	2 197.9	11.4	8 481.7	43.9	965.9	5.0	156.6	0.0	0.0	0.0
沿江管理区	12 059.6	1 364.6	11.3	3 150.3	26.1	6 381.9	52.9	1 052.6	8.7	110.3	0.1	0.0	0.0

表 2-41　有效锌分级面积统计　　　　　　（单位：hm²）

新土类、土种名称	合计面积	1		2		3		4		5		6	
		面积	占总面积（%）	面积	占总面积（%）	面积	占总面积（%）	面积	占总面积（%）	面积	占总面积（%）	面积	占总面积（%）
一、暗棕壤	30 299.8	6 487.6	21.4	11 492.7	37.9	9 637.0	31.8	2 443.5	8.1	239.0	0.8	0.0	0.0
亚暗矿质暗棕壤	12 559.8	4 127.0	32.9	3 162.1	25.2	4 142.5	33.0	1 020.2	8.1	108.0	0.1	0.0	0.0
暗矿质暗棕壤	17 413.1	2 203.0	12.7	8 236.5	47.3	5 419.2	31.1	1 423.3	8.2	131.0	0.0	0.0	0.0
沙砾质暗棕壤	29.8	18.2	61.2	11.6	38.8	0.0	0.0	0.0	0.0	0.0	0.0	0.0	0.0
亚暗矿质白浆化暗棕壤	160.0	57.7	36.1	27.0	16.9	75.2	47.0	0.0	0.0	0.0	0.0	0.0	0.0
亚暗矿质草甸暗棕壤	134.8	81.7	60.6	53.1	39.4	0.0	0.0	0.0	0.0	0.0	0.0	0.0	0.0
麻沙质草甸暗棕壤	2.4	0.0	0.0	2.4	100.0	0.0	0.0	0.0	0.0	0.0	0.0	0.0	0.0
二、黑土	17 679.2	6 109.7	34.6	3 641.3	20.6	6 278.8	35.5	1 477.0	8.4	172.4	1.0	0.0	0.0
薄层黄土质黑土	14 337.2	5 115.7	35.7	2 367.9	16.5	5 687.2	39.7	994.0	6.9	172.4	1.0	0.0	0.0
中层黄土质黑土	1 099.0	547.1	49.8	119.1	10.8	43.5	4.0	389.4	35.4	0.0	3.2	0.0	0.0
中层沙底黑土	197.6	0.0	0.0	0.0	0.0	197.6	100.0	0.0	0.0	0.0	0.0	0.0	0.0
薄层黄土质草甸黑土	2 045.4	447.0	21.9	1 154.3	56.4	350.5	17.1	93.6	4.6	0.0	0.2	0.0	0.0
三、草甸土	7 048.3	2 499.6	35.5	1 427.1	20.2	2 468.4	35.0	556.6	7.9	96.7	1.4	0.0	0.0
薄层沙壤质草甸土	32.2	0.0	0.0	10.4	32.2	4.7	14.6	9.7	30.1	7.5	93.4	0.0	0.0
薄层黏壤质草甸土	587.2	169.9	28.9	25.4	4.3	302.9	51.6	50.5	8.6	38.6	1.5	0.0	0.0
薄层沙砾底草甸土	69.0	0.0	0.0	0.0	0.0	62.5	90.5	6.5	9.5	0.0	13.7	0.0	0.0
薄层黏壤质潜育草甸土	1 943.5	1 248.7	64.2	364.1	18.7	281.0	14.5	0.6	0.0	49.1	0.0	0.0	0.0
薄层沙砾底潜育草甸土	4 416.5	1 081.0	24.5	1 027.3	23.3	1 817.4	41.2	489.3	11.1	1.5	0.3	0.0	0.0
四、沼泽土	13 473.2	1 839.1	13.7	4 575.0	34.0	6 299.2	46.8	613.9	4.6	145.9	1.1	0.0	0.0

（续表）

新土类、土种名称	合计面积	1		2		3		4		5		6	
		面积	占总面积（%）	面积	占总面积（%）	面积	占总面积（%）	面积	占总面积（%）	面积	占总面积（%）	面积	占总面积（%）
薄层沙砾底沼泽土	804.8	267.1	33.2	123.9	15.4	346.3	43.0	67.5	8.4	0.0	1.0	0.0	0.0
薄层黏质草甸沼泽土	12 531.7	1 568.4	12.5	4 383.5	35.0	5 892.6	47.0	541.3	4.3	145.9	0.0	0.0	0.0
薄层泥炭腐殖质沼泽土	136.7	3.7	2.7	67.6	49.5	60.2	44.1	5.2	3.8	0.0	2.8	0.0	0.0

（十）土壤有效铁分级统计

土壤有效铁分级统计，见表2-42、表2-43。

表2-42　有效铁分级面积统计　　　　　　　　　　　　（单位：hm²）

乡镇名称	合计面积	1		2		3		4		5		6	
		面积	占总面积（%）	面积	占总面积（%）	面积	占总面积（%）	面积	占总面积（%）	面积	占总面积（%）	面积	占总面积（%）
合计	68 500.5	7 559.7	11.0	0.0	0.0	662.1	1.0	6 088.6	8.9	54 190.0	79.1	0.0	0.0
白音河管理区	7 559.7	7 559.7	100.0	0.0	0.0	0.0	0.0	0.0	0.0	0.0	0.0	0.0	0.0
甘多管理区	6 985.3	0.0	0.0	0.0	0.0	70.9	1.0	749.9	10.7	6 164.5	0.2	0.0	0.0
大子杨山管理区	11 406.8	0.0	0.0	0.0	0.0	0.0	0.0	78.8	0.7	11 328.0	0.0	0.0	0.0
中兴管理区	11 186.9	0.0	0.0	0.0	0.0	0.0	0.0	106.4	1.0	11 080.4	0.0	0.0	0.0
古里河管理区	19 302.2	0.0	0.0	0.0	0.0	320.3	1.7	4 701.8	24.4	14 280.1	0.1	0.0	0.0
沿江管理区	12 059.6	0.0	0.0	0.0	0.0	270.9	2.2	451.7	3.7	11 337.0	0.0	0.0	0.0

表2-43　有效铁分级面积统计　　　　　　　　　　　　（单位：hm²）

新土类、土种名称	合计面积	1		2		3		4		5		6	
		面积	占总面积（%）	面积	占总面积（%）	面积	占总面积（%）	面积	占总面积（%）	面积	占总面积（%）	面积	占总面积（%）
一、暗棕壤	30 299.8	30 299.8	100.0	0.0	0.0	0.0	0.0	0.0	0.0	0.0	0.0	0.0	0.0
亚暗矿质暗棕壤	12 559.8	12 559.8	100.0	0.0	0.0	0.0	0.0	0.0	0.0	0.0	0.0	0.0	0.0
暗矿质暗棕壤	17 413.1	17 413.1	100.0	0.0	0.0	0.0	0.0	0.0	0.0	0.0	0.0	0.0	0.0
沙砾质暗棕壤	29.8	29.8	100.0	0.0	0.0	0.0	0.0	0.0	0.0	0.0	0.0	0.0	0.0
亚暗矿质白浆化暗棕壤	160.0	160.0	100.0	0.0	0.0	0.0	0.0	0.0	0.0	0.0	0.0	0.0	0.0
亚暗矿质草甸暗棕壤	134.8	134.8	100.0	0.0	0.0	0.0	0.0	0.0	0.0	0.0	0.0	0.0	0.0
麻沙质草甸暗棕壤	2.4	2.4	100.0	0.0	0.0	0.0	0.0	0.0	0.0	0.0	0.0	0.0	0.0
二、黑土	17 679.2	17 679.2	100.0	0.0	0.0	0.0	0.0	0.0	0.0	0.0	0.0	0.0	0.0
薄层黄土质黑土	14 337.2	14 337.2	100.0	0.0	0.0	0.0	0.0	0.0	0.0	0.0	0.0	0.0	0.0

（续表）

新土类、土种名称	合计面积	1		2		3		4		5		6	
		面积	占总面积（%）	面积	占总面积（%）	面积	占总面积（%）	面积	占总面积（%）	面积	占总面积（%）	面积	占总面积（%）
中层黄土质黑土	1 099.0	1 099.0	100.0	0.0	0.0	0.0	0.0	0.0	0.0	0.0	0.0	0.0	0.0
中层沙底黑土	197.6	197.6	100.0	0.0	0.0	0.0	0.0	0.0	0.0	0.0	0.0	0.0	0.0
薄层黄土质草甸黑土	2 045.4	2 045.4	100.0	0.0	0.0	0.0	0.0	0.0	0.0	0.0	0.0	0.0	0.0
三、草甸土	7 048.3	7 043.6	99.9	0.0	0.0	0.0	0.0	4.8	0.1	0.0	0.0	0.0	0.0
薄层沙壤质草甸土	32.2	32.2	100.0	0.0	0.0	0.0	0.0	0.0	0.0	0.0	0.0	0.0	0.0
薄层黏壤质草甸土	587.2	587.2	100.0	0.0	0.0	0.0	0.0	0.0	0.0	0.0	0.0	0.0	0.0
薄层沙砾底草甸土	69.0	69.0	100.0	0.0	0.0	0.0	0.0	0.0	0.0	0.0	0.0	0.0	0.0
薄层黏壤质潜育草甸土	1 943.5	1 938.8	99.8	0.0	0.0	0.0	0.0	4.8	0.2	0.0	0.0	0.0	0.0
薄层沙砾底潜育草甸土	4 416.5	4 416.5	100.0	0.0	0.0	0.0	0.0	0.0	0.0	0.0	0.0	0.0	0.0
四、沼泽土	13 473.2	13 473.2	100.0	0.0	0.0	0.0	0.0	0.0	0.0	0.0	0.0	0.0	0.0
薄层沙砾底沼泽土	804.8	804.8	100.0	0.0	0.0	0.0	0.0	0.0	0.0	0.0	0.0	0.0	0.0
薄层黏质草甸沼泽土	12 531.7	12 531.7	100.0	0.0	0.0	0.0	0.0	0.0	0.0	0.0	0.0	0.0	0.0
薄层泥炭腐殖质沼泽土	136.7	136.7	100.0	0.0	0.0	0.0	0.0	0.0	0.0	0.0	0.0	0.0	0.0

（十一）土壤有效锰分级统计

土壤有效锰分级统计，表 2 - 44、表 2 - 45。

表 2 - 44　有效锰分级面积统计　　　　　　　　　　　　　（单位：hm²）

乡镇名称	合计面积	1		2		3		4		5		6	
		面积	占总面积（%）	面积	占总面积（%）	面积	占总面积（%）	面积	占总面积（%）	面积	占总面积（%）	面积	占总面积（%）
合计	68 500.5	68 339.3	99.8	67.3	0.1	44.8	0.1	0.0	0.0	49.1	0.1	0.0	0.0
白音河管理区	7 559.7	7 559.7	100.0	0.0	0.0	0.0	0.0	0.0	0.0	0.0	0.0	0.0	0.0
甘多管理区	6 985.3	6 984.4	100.0	0.0	0.0	0.9	0.0	0.0	0.0	0.0	0.0	0.0	0.0
大子杨山管理区	11 406.8	11 376.2	99.7	2.4	0.0	28.3	0.2	0.0	0.0	0.0	0.0	0.0	0.0
中兴管理区	11 186.9	11 186.9	100.0	0.0	0.0	0.0	0.0	0.0	0.0	0.0	0.0	0.0	0.0
古里河管理区	19 302.2	19 241.0	99.7	0.0	0.0	12.1	0.1	0.0	0.0	49.1	0.0	0.0	0.0
沿江管理区	12 059.6	11 991.2	99.4	64.9	0.5	3.5	0.0	0.0	0.0	0.0	0.0	0.0	0.0

表 2-45 有效锰分级面积统计 （单位：hm²）

新土类、土种名称	合计面积	1		2		3		4		5		6	
		面积	占总面积（%）	面积	占总面积（%）	面积	占总面积（%）	面积	占总面积（%）	面积	占总面积（%）	面积	占总面积（%）
一、暗棕壤	30 299.8	30 275.8	99.9	0.0	0.0	23.9	0.1	0.0	0.0	0.0	0.0	0.0	0.0
亚暗矿质暗棕壤	12 559.8	12 535.9	99.8	0.0	0.0	23.9	0.2	0.0	0.0	0.0	0.0	0.0	0.0
暗矿质暗棕壤	17 413.1	17 413.1	100.0	0.0	0.0	0.0	0.0	0.0	0.0	0.0	0.0	0.0	0.0
沙砾质暗棕壤	29.8	29.8	100.0	0.0	0.0	0.0	0.0	0.0	0.0	0.0	0.0	0.0	0.0
亚暗矿质白浆化暗棕壤	160.0	160.0	100.0	0.0	0.0	0.0	0.0	0.0	0.0	0.0	0.0	0.0	0.0
亚暗矿质草甸暗棕壤	134.8	134.8	100.0	0.0	0.0	0.0	0.0	0.0	0.0	0.0	0.0	0.0	0.0
麻沙质草甸暗棕壤	2.4	2.4	100.0	0.0	0.0	0.0	0.0	0.0	0.0	0.0	0.0	0.0	0.0
二、黑土	17 679.2	17 607.6	99.6	67.3	0.4	4.4	0.0	0.0	0.0	0.0	0.0	0.0	0.0
薄层黄土质黑土	14 337.2	14 269.9	99.5	67.3	0.5	0.0	0.0	0.0	0.0	0.0	0.0	0.0	0.0
中层黄土质黑土	1 099.0	1 099.0	100.0	0.0	0.0	0.0	0.0	0.0	0.0	0.0	0.0	0.0	0.0
中层沙底黑土	197.6	197.6	100.0	0.0	0.0	0.0	0.0	0.0	0.0	0.0	0.0	0.0	0.0
薄层黄土质草甸黑土	2 045.4	2 041.1	99.8	0.0	0.0	4.4	0.0	0.0	0.0	0.0	0.0	0.0	0.0
三、草甸土	7 048.3	6 986.2	99.1	0.0	0.0	13.0	0.2	0.0	0.0	49.1	0.7	0.0	0.0
薄层沙壤质草甸土	32.2	32.2	100.0	0.0	0.0	0.0	0.0	0.0	0.0	0.0	0.0	0.0	0.0
薄层黏壤质草甸土	587.2	586.3	99.9	0.0	0.0	0.9	0.1	0.0	0.0	0.0	0.0	0.0	0.0
薄层沙砾底草甸土	69.0	69.0	100.0	0.0	0.0	0.0	0.0	0.0	0.0	0.0	0.0	0.0	0.0
薄层黏壤质潜育草甸土	1 943.5	1 882.3	96.8	0.0	0.0	12.1	0.6	0.0	0.0	49.1	0.0	0.0	0.0
薄层沙砾底潜育草甸土	4 416.5	4 416.5	100.0	0.0	0.0	0.0	0.0	0.0	0.0	0.0	0.0	0.0	0.0
四、沼泽土	13 473.2	13 469.7	100.0	0.0	0.0	3.5	0.0	0.0	0.0	0.0	0.0	0.0	0.0
薄层沙砾底沼泽土	804.8	804.8	100.0	0.0	0.0	0.0	0.0	0.0	0.0	0.0	0.0	0.0	0.0
薄层黏质草甸沼泽土	12 531.7	12 528.1	100.0	0.0	0.0	3.5	0.0	0.0	0.0	0.0	0.0	0.0	0.0
薄层泥炭腐殖质沼泽土	136.7	136.7	100.0	0.0	0.0	0.0	0.0	0.0	0.0	0.0	0.0	0.0	0.0

（十二）土壤有效铜分级统计表

土壤有效铜分级统计，见表 2-46、表 2-47。

表 2 – 46　有效铜分级面积统计　　　　　　　　　　　　　　　　　（单位：hm²）

乡镇名称	合计面积	1		2		3		4		5		6	
		面积	占总面积（%）	面积	占总面积（%）	面积	占总面积（%）	面积	占总面积（%）	面积	占总面积（%）	面积	占总面积（%）
合计	68 500.5	84.4	0.1	9 885.7	14.4	56 107.3	81.9	2 067.9	3.0	268.9	0.4	86.3	0.1
白音河管理区	7 559.7	43.2	0.6	1 026.5	13.6	6 400.0	84.7	85.7	1.1	4.5	0.0	0.0	0.0
甘多管理区	6 985.3	0.0	0.0	857.9	12.3	5 858.6	83.9	230.6	3.3	21.9	0.0	16.3	0.2
大子杨山管理区	11 406.8	0.0	0.0	2 183.0	19.1	8 547.1	74.9	573.2	5.0	103.5	0.0	0.0	0.0
中兴管理区	11 186.9	38.2	0.3	1 231.9	11.0	9 386.7	83.9	530.2	4.7	0.0	0.0	0.0	0.0
古里河管理区	19 302.2	3.0	0.0	4 144.9	21.5	15 104.1	78.3	50.2	0.3	0.0	0.0	0.0	0.0
沿江管理区	12 059.6	0.0	0.0	441.8	3.7	10 810.9	89.6	598.0	5.0	139.0	0.0	70.0	0.6

表 2 – 47　有效铜分级面积统计　　　　　　　　　　　　　　　　　（单位：hm²）

新土类、土种名称	合计面积	1		2		3		4		5		6	
		面积	占总面积（%）	面积	占总面积（%）	面积	占总面积（%）	面积	占总面积（%）	面积	占总面积（%）	面积	占总面积（%）
一、暗棕壤	30 299.8	27.2	0.1	2 967.6	9.8	25 952.3	85.7	1 287.9	4.3	64.9	0.2	0.0	0.0
亚暗矿质暗棕壤	12 559.8	0.0	0.0	1 132.0	9.0	10 564.9	84.1	798.4	6.4	64.5	0.1	0.0	0.0
暗矿质暗棕壤	17 413.1	27.2	0.2	1 777.3	10.2	15 118.8	86.8	489.5	2.8	0.4	0.0	0.0	0.0
沙砾质暗棕壤	29.8	0.0	0.0	14.7	49.5	15.0	50.5	0.0	0.0	0.0	0.0	0.0	0.0
亚暗矿质白浆化暗棕壤	160.0	0.0	0.0	39.4	24.6	120.6	75.4	0.0	0.0	0.0	0.0	0.0	0.0
亚暗矿质草甸暗棕壤	134.8	0.0	0.0	4.2	3.1	130.6	96.9	0.0	0.0	0.0	0.0	0.0	0.0
麻沙质草甸暗棕壤	2.4	0.0	0.0	0.0	0.0	2.4	100.0	0.0	0.0	0.0	0.0	0.0	0.0
二、黑土	17 679.2	38.6	0.2	4 005.3	22.7	13 162.7	74.5	265.4	1.5	129.0	0.7	78.2	0.4
薄层黄土质黑土	14 337.2	38.6	0.3	3 498.8	24.4	10 337.5	72.1	265.4	1.9	129.0	0.0	67.9	0.5
中层黄土质黑土	1 099.0	0.0	0.0	1.9	0.2	1 097.2	99.8	0.0	0.0	0.0	0.0	0.0	0.0
中层沙底黑土	197.6	0.0	0.0	68.3	34.6	129.2	65.4	0.0	0.0	0.0	0.0	0.0	0.0
薄层黄土质草甸黑土	2 045.4	0.0	0.0	436.3	21.3	1 598.8	78.2	0.0	0.0	0.0	0.0	10.4	0.5
三、草甸土	7 048.3	3.0	0.0	1 527.3	21.7	5 254.9	74.6	248.9	3.5	8.4	0.1	5.9	0.1
薄层沙壤质草甸土	32.2	0.0	0.0	18.6	57.9	13.6	42.1	0.0	0.0	0.0	0.0	0.0	0.0
薄层黏壤质草甸土	587.2	0.0	0.0	26.3	4.5	546.6	93.1	0.0	0.0	8.4	0.0	5.9	1.0
薄层沙砾底草甸土	69.0	0.0	0.0	0.0	0.0	69.0	100.0	0.0	0.0	0.0	0.0	0.0	0.0
薄层黏壤质潜育草甸土	1 943.5	0.0	0.0	1 217.9	62.7	725.1	37.3	0.6	0.0	0.0	0.0	0.0	0.0
薄层沙砾底潜育草甸土	4 416.5	3.0	0.1	264.5	6.0	3 900.7	88.3	248.2	5.6	0.0	0.1	0.0	0.0

（续表）

新土类、土种名称	合计面积	1		2		3		4		5		6	
		面积	占总面积（%）	面积	占总面积（%）	面积	占总面积（%）	面积	占总面积（%）	面积	占总面积（%）	面积	占总面积（%）
四、沼泽土	13 473.2	15.7	0.1	1385.5	10.3	11737.5	87.1	265.7	2.0	66.7	0.5	2.1	0.0
薄层沙砾底沼泽土	804.8	0.0	0.0	46.7	5.8	758.1	94.2	0.0	0.0	0.0	0.0	0.0	0.0
薄层黏质草甸沼泽土	12 531.7	15.7	0.1	1 338.8	10.7	10 846.1	86.5	262.3	2.1	66.7	0.5	2.1	0.0
薄层泥炭腐殖质沼泽土	136.7	0.0	0.0	0.0	0.0	133.4	97.5	3.4	2.5	0.0	1.8	0.0	0.0

（十三）不同土类全量养分含量统计

表2-48　各类土壤全量养分平均含量统计　（单位：g/kg、mg/ kg）

土壤类型	有机质	全氮	全磷	全钾	容重
暗棕壤	62.01	3.61	0.78	10.95	0.93
黑土	62.90	3.70	0.77	11.33	1.13
草甸土	61.97	3.53	0.84	10.40	1.07
沼泽土	63.27	3.66	0.78	10.28	0.85

表2-49　土壤养分状况平均值统计　（单位：g/kg、mg/kg）

项目	样本数	有机质	全氮	碱解氮	有效磷	速效钾
全区	10 575	61.91	3.67	270.17	50.23	243.1
白音河管理区	3 182	64.34	3.25	267.14	47.86	253.38
甘多管理区	1 320	55.97	3.76	295.59	44.53	220.68
大子杨山管理区	1 346	62.40	3.52	315.05	54.09	254.10
中兴管理区	1 473	62.91	3.68	250.85	50.48	258.14
古里河管理区	1 960	63.99	3.81	324.40	54.52	246.74
沿江管理区	1 294	61.86	3.67	270.17	49.87	225.03

从表2-48、表2-49和图2-7中看出各管理区有机质、有效磷变化不大，碱解氮、速效钾变化较大。这说明在土壤中无论是施肥还是年份变化对其有机质、有效磷的变化还是较稳定的，而施肥对碱解氮、速效钾影响较大。

（十四）不同土壤类型速效养分含量情况

从表2-50看出不同土种的养分含量上亚暗矿质白浆化暗棕壤碱解氮含量最高，薄层黏质草甸沼泽土有机质含量最高，黏壤质草甸土各种养分含量均较低，土壤质地较差，易耕性不好，不利于作物生长。

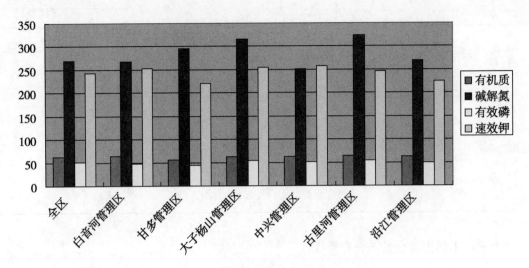

图 2-7 各管理区土壤养分状况平均值对比

表 2-50 各土种养分含量对比 （单位：mg/kg、g/kg）

土种名称	碱解氮	有机质	有效磷	速效钾	全氮	全磷	全钾
亚暗矿质暗棕壤	285.22	60.73	48.87	230.23	3.62	0.81	9.63
暗矿质暗棕壤	277.46	63.03	51.69	254.47	3.60	0.76	11.91
沙砾质暗棕壤	339.96	62.61	33.12	275.50	3.54	0.73	11.97
亚暗矿质白浆化暗棕壤	308.87	60.43	49.33	241.91	3.81	0.92	7.82
亚暗矿质草甸暗棕壤	320.43	49.61	61.90	248.79	4.15	0.73	10.52
麻沙质草甸暗棕壤	234.61	54.48	39.12	268.00	3.79	0.71	9.80
薄层黄土质黑土	279.91	63.45	50.77	249.35	3.71	0.78	11.59
中层黄土质黑土	284.24	48.96	50.87	246.39	3.52	0.65	7.85
中层沙底黑土	273.42	56.14	47.17	228.85	3.72	0.81	11.02
薄层黄土质草甸黑土	306.81	61.49	60.97	246.97	3.69	0.68	10.38
薄层沙壤质草甸土	214.77	47.80	35.14	215.43	3.95	1.02	8.27
薄层黏壤质草甸土	261.62	58.69	44.54	231.01	3.56	0.94	10.83
薄层沙砾底草甸土	273.23	57.33	46.12	207.70	3.66	0.56	7.66
薄层黏壤质潜育草甸土	270.65	60.11	53.38	254.74	3.59	0.91	10.61
薄层沙砾底潜育草甸土	275.48	63.26	46.36	244.23	3.50	0.82	10.38
薄层沙砾底沼泽土	270.49	62.73	48.99	237.64	3.48	0.71	10.11
薄层黏质草甸沼泽土	284.40	63.46	49.02	246.66	3.68	0.79	10.35
薄层泥炭腐殖质沼泽土	247.23	54.22	43.84	174.41	3.02	0.74	7.36

第四章 耕地土壤属性

第一节 土壤化学性状

这次耕地地力评价报告撰写中利用土壤耕层样（0~20cm）975个对pH值、有机质、全氮、全磷、全钾、碱解氮、有效磷、速效钾、中微量元素等土壤理化属性项目12项进行了分析，分析数据12 440个。

一、土壤有机质

土壤有机质是耕地地力的重要标志。它可以为植物生长提供必要的氮、磷、钾等营养元素；可以改善耕地土壤的结构性能以及生物学和物理、化学性质。通常在其他的立地条件相似的情况下，有机质含量的多少，可以反映出耕地地力水平的高低（图2-8）。

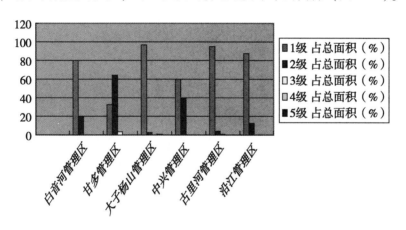

图2-8 有机质不同级别所占面积对比

通过分析看出，岭南生态农业示范区耕地土壤有机质含量变化幅度在12.64~108.52g/kg，在《黑龙江省第二次土壤普查技术规程》分级基础上，将全区耕地土壤有机质分为5级，其中，含量大于60g/kg的为73.95%，40~60g/kg的占21.23%，30~40g/kg的占2.25%，20~30g/kg的占1.64%，10~20 g/kg的占0.93%，这次调查表明，有机质主要集中在40~60g/kg的1级、2级，面积占总耕地面积的90%，从不同乡镇和不同土类看出，有机质在各乡镇分布主要是1~2级，在土类上分布主要是1级，面积占的70%以上（表2-51）。

表2－51　各土壤类型有机质情况统计　　　　　（单位：g/kg）

土类	亚类	土属	土种	最大值	最小值	平均值
暗棕壤	暗棕壤	亚暗矿质暗棕壤	亚暗矿质暗棕壤	89.23	12.56	48.87
		暗矿质暗棕壤	暗矿质暗棕壤	87.97	14.39	51.69
		沙砾质暗棕壤	沙砾质暗棕壤	54.28	18.82	33.12
	白浆化暗棕壤	亚暗矿质白浆化暗棕壤	亚暗矿质白浆化暗棕壤	61.29	29.52	49.33
	草甸暗棕壤	亚暗矿质草甸暗棕壤	亚暗矿质草甸暗棕壤	81.37	44.46	61.90
		麻沙质草甸暗棕壤	麻沙质草甸暗棕壤	39.12	39.12	39.12
黑土	黑土	黄土质黑土	薄层黄土质黑土	85.90	5.70	50.77
			中层黄土质黑土	77.96	16.61	50.87
		沙底黑土	中层沙底黑土	75.07	34.28	47.17
	草甸黑土	黄土质草甸黑土	薄层黄土质草甸黑土	85.18	40.03	60.97
草甸土	草甸土	沙壤质草甸土	薄层沙壤质草甸土	42.34	27.55	35.14
		黏壤质草甸土	薄层黏壤质草甸土	60.40	29.25	44.54
		沙砾底草甸土	薄层沙砾底草甸土	54.71	33.12	46.12
	潜育草甸土	黏壤质潜育草甸土	薄层黏壤质潜育草甸土	85.59	17.45	53.38
		沙砾底潜育草甸土	薄层沙砾底潜育草甸土	89.66	10.33	46.36
沼泽土	沼泽土	沙砾底沼泽土	薄层沙砾底沼泽土	77.96	5.70	48.99
	草甸沼泽土	黏质草甸沼泽土	薄层黏质草甸沼泽土	89.96	15.13	49.02
	泥炭沼泽土	泥炭腐殖质沼泽土	薄层泥炭腐殖质沼泽土	48.94	35.98	43.84

二、土壤全氮

土壤中的氮素仍然是我国农业生产中最重要的养分限制因子。土壤全氮是土壤供氮能力的重要指标，在生产实际中有着重要的意义。

岭南生态农业示范区耕地土壤中氮素含量平均为3.61g/kg，变化幅度在1.39～5.46g/kg。在各主要类型的土壤中，黑土全氮含量最高，平均值为3.7 g/kg，草甸土全氮含量最低，平均含量为3.5 g/kg。耕地全氮主要集中在3.0～4.0 g/kg，占74%（表2－52）。

表2－52　各土壤类型全氮情况统计　　　　　（单位：g/kg）

土类	亚类	土属	土种	最大值	最小值	平均值
暗棕壤	暗棕壤	亚暗矿质暗棕壤	亚暗矿质暗棕壤	5.45	1.39	3.62
		暗矿质暗棕壤	暗矿质暗棕壤	5.43	1.64	3.60
		沙砾质暗棕壤	沙砾质暗棕壤	4.04	3.08	3.54
	白浆化暗棕壤	亚暗矿质白浆化暗棕壤	亚暗矿质白浆化暗棕壤	4.62	3.37	3.81
	草甸暗棕壤	亚暗矿质草甸暗棕壤	亚暗矿质草甸暗棕壤	5.18	3.36	4.15
		麻沙质草甸暗棕壤	麻沙质草甸暗棕壤	3.79	3.79	3.79
黑土	黑土	黄土质黑土	薄层黄土质黑土	5.36	1.91	3.71
			中层黄土质黑土	4.49	2.81	3.52
		沙底黑土	中层沙底黑土	4.02	3.09	3.72
	草甸黑土	黄土质草甸黑土	薄层黄土质草甸黑土	5.30	2.64	3.69

（续表）

土类	亚类	土属	土种	最大值	最小值	平均值
草甸土	草甸土	沙壤质草甸土	薄层沙壤质草甸土	5.19	2.58	3.95
		黏壤质草甸土	薄层黏壤质草甸土	4.80	1.61	3.56
		沙砾底草甸土	薄层沙砾底草甸土	4.02	3.01	3.66
	潜育草甸土	黏壤质潜育草甸土	薄层黏壤质潜育草甸土	4.79	2.37	3.59
		沙砾底潜育草甸土	薄层沙砾底潜育草甸土	5.34	2.24	3.50
沼泽土	沼泽土	沙砾底沼泽土	薄层沙砾底沼泽土	4.27	2.44	3.48
	草甸沼泽土	黏质草甸沼泽土	薄层黏质草甸沼泽土	5.37	1.91	3.68
	泥炭沼泽土	泥炭腐殖质沼泽土	薄层泥炭腐殖质沼泽土	3.29	2.56	3.02

三、土壤碱解氮

土壤水解性氮或称碱解氮，也称有效氮，能反映土壤近期内氮素供应情况，包括无机态氮（铵态氮、硝态氮）及易水解的有机态氮（氨基酸、酰铵和易水解蛋白质）。土壤有效氮量与作物生长关系密切，因此，它在推荐施肥中意义更大。

碱解氮是由全氮经微生物活动转化来的。第二次土壤普查测定速效氮是用 1.0N 氢氧化钠水解土壤样品，然后用扩散滴定的方法测得的"碱解氮"。它包括铵态氮硝态氮和易被水解的小分子有机氮。碱解氮比全氮更能反映土壤的氮素供应水平。

土壤碱解氮是土壤当季供氮能力重要指标，在测土施肥指导实践中有着重要的意义。选择全部样本统计分析表明，全区耕地暗棕壤、黑土、草甸土、沼泽土等几个主要耕地土壤碱解氮平均为282.48mg/kg，变化幅度在68.6～493mg/kg。沼泽土碱解氮含量最高，平均达到285.3mg/kg，最低为草甸土，平均含量为273mg/kg（表2－53）。

表2－53　各土壤类型土壤碱解氮情况统计

（单位：mg/kg）

土类	亚类	土属	土种	最大值	最小值	平均值
暗棕壤	暗棕壤	亚暗矿质暗棕壤	亚暗矿质暗棕壤	489.96	77.44	285.22
		暗矿质暗棕壤	暗矿质暗棕壤	473.34	68.6	277.46
		沙砾质暗棕壤	沙砾质暗棕壤	493.92	281.26	339.96
	白浆化暗棕壤	亚暗矿质白浆化暗棕壤	亚暗矿质白浆化暗棕壤	493.92	212.66	308.87
	草甸暗棕壤	亚暗矿质草甸暗棕壤	亚暗矿质草甸暗棕壤	431.12	222.95	320.43
		麻沙质草甸暗棕壤	麻沙质草甸暗棕壤	234.61	234.61	234.61
黑土	黑土	黄土质黑土	薄层黄土质黑土	493.92	68.6	279.91
			中层黄土质黑土	384.16	184.6	284.24
		沙底黑土	中层沙底黑土	445.9	144.06	273.42
	草甸黑土	黄土质草甸黑土	薄层黄土质草甸黑土	459.62	137.2	306.81
草甸土	草甸土	沙壤质草甸土	薄层沙壤质草甸土	253.82	144.06	214.77
		黏壤质草甸土	薄层黏壤质草甸土	480.2	150.92	261.62
		沙砾底草甸土	薄层沙砾底草甸土	297.35	253.82	273.23
	潜育草甸土	黏壤质潜育草甸土	薄层黏壤质潜育草甸土	480.2	96.04	270.65
		沙砾底潜育草甸土	薄层沙砾底潜育草甸土	650.64	130.34	275.48

（续表）

土类	亚类	土属	土种	最大值	最小值	平均值
	沼泽土	沙砾底沼泽土	薄层沙砾底沼泽土	480.2	89.18	270.49
沼泽土	草甸沼泽土	黏质草甸沼泽土	薄层黏质草甸沼泽土	493.92	89.18	284.40
	泥炭沼泽土	泥炭腐殖质沼泽土	薄层泥炭腐殖质沼泽土	277.83	171.5	247.23

四、土壤有效磷

土壤全磷量即磷的总贮量，包括有机磷和无机磷两大类。土壤中的磷素大部分是以迟效性状态存在，因此，土壤全磷含量并不能作为土壤磷素供应的指标，全磷含量高时并不意味着磷素供应充足，而全磷含量低于某一水平时，却可能意味着磷素供应不足。磷是构成植物体的重要组成元素之一。土壤有效磷中易被植物吸收利用的部分称之为有效磷，它是土壤供磷供应水平的重要指标（图2–9、图2–10）。

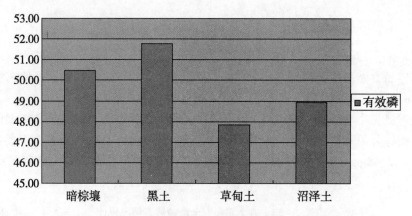

图2–9　不同土类有效磷含量对比

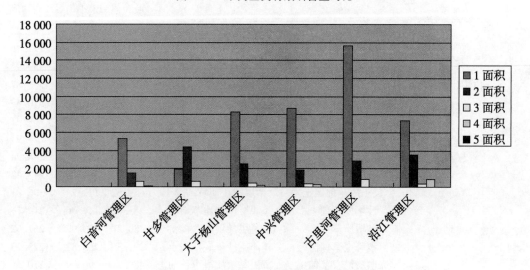

图2–10　各管理区有效磷分级占面积统计

岭南生态农业示范区耕地有效磷平均为 50.23mg/kg，变化幅度在 5.7 ~ 89.96mg/kg。其中，黑土含量最高，平均为 51.8 mg/kg，其次为草甸土、沼泽土含量较高，平均为 46.84mg/kg 和 47.3mg/kg，暗棕壤最低，平均为 37.24mg/kg，有效磷分级主要是在三级，平均占 77.8%，尽管近十几年大量施用磷肥，但是磷肥的施用量在全省是最低的，同时，磷肥在不同土壤中有效性不同（表 2 – 54）。

表 2 – 54　土壤类型有效磷情况统计　　　　　　　（单位：mg/kg）

土类	亚类	土属	土种	最大值	最小值	平均值
暗棕壤	暗棕壤	亚暗矿质暗棕壤	亚暗矿质暗棕壤	89.23	14.23	48.87
		暗矿质暗棕壤	暗矿质暗棕壤	87.97	14.39	51.69
		沙砾质暗棕壤	沙砾质暗棕壤	54.28	18.82	33.12
	白浆化暗棕壤	亚暗矿质白浆化暗棕壤	亚暗矿质白浆化暗棕壤	61.29	29.52	49.33
	草甸暗棕壤	亚暗矿质草甸暗棕壤	亚暗矿质草甸暗棕壤	81.37	44.46	61.90
		麻沙质草甸暗棕壤	麻沙质草甸暗棕壤	39.12	39.12	39.12
黑土	黑土	黄土质黑土	薄层黄土质黑土	85.90	5.70	50.77
			中层黄土质黑土	77.96	16.61	50.87
		沙底黑土	中层沙底黑土	75.07	34.28	47.17
	草甸黑土	黄土质草甸黑土	薄层黄土质草甸黑土	85.18	40.03	60.97
草甸土	草甸土	沙壤质草甸土	薄层沙壤质草甸土	42.34	27.55	35.14
		黏壤质草甸土	薄层黏壤质草甸土	60.40	29.25	44.54
		沙砾底草甸土	薄层沙砾底草甸土	54.71	33.12	46.12
	潜育草甸土	黏壤质潜育草甸土	薄层黏壤质潜育草甸土	85.59	17.45	53.38
		沙砾底潜育草甸土	薄层沙砾底潜育草甸土	89.66	10.33	46.36
沼泽土	沼泽土	沙砾底沼泽土	薄层沙砾底沼泽土	77.96	5.70	48.99
	草甸沼泽土	黏质草甸沼泽土	薄层黏质草甸沼泽土	89.96	15.13	49.02
	泥炭沼泽土	泥炭腐殖质沼泽土	薄层泥炭腐殖质沼泽土	48.94	35.98	43.84

五、土壤速效钾

土壤速效钾是指水溶性钾和黏土矿物晶体外表面吸持的交换性钾，这一部分钾素植物可以直接吸收利用，对植物生长及其品质起着重要作用。其含量水平的高低反映了土壤的供钾能力的程度，土壤速效钾是指水溶性钾和黏土矿物晶体外表面吸持的交换性钾，其含量水平的高低反映了土壤的供钾能力的程度，是土壤质量的主要指标。通常土壤中存在水溶性钾，因为，这部分钾能很快地被植物吸收利用，故称为速效钾；缓效钾是指存在于层状硅酸盐矿物层间和颗粒边缘，不能被中性盐在短时间内浸提出的钾，因此，也称非交换性钾，占土壤全钾的 1% ~ 10%。

岭南生态农业示范区耕地土壤速效钾比较丰富。调查表明全区速效钾平均在 245.31mg/kg，变化幅度在 50 ~ 500mg/kg。其中，黑土最高，平均为 248.62mg/kg，其次为草甸土，平均为 245.34mg/kg；最低为暗棕壤，平均为 244.07mg/kg（图 2 – 11）。

按照含量分级数字出现频率分析，大于 400mg/kg 占 6.82%，350 ~ 400mg/kg 占 17.92%，250 ~ 350mg/kg 占 54.24%，150 ~ 250 占 15.88%。与第二次土壤普查对比没有明

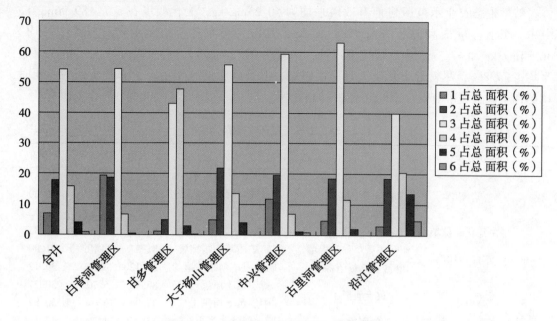

图 2 - 11　各管理区速效钾分级占面积统计

显变化，土壤速效钾含量始终维持在较高水平。因为，土壤钾丰缺指标值是相对值，它应当随着产量水平的变化而变化。速效钾与气候相关性较大，干旱高温年之后土壤速效钾有明显升高（表 2 - 55）。

表 2 - 55　土壤类型速效钾含量统计　　（单位：mg/kg）

土类	亚类	土属	新土种	最大值	最小值	平均值
暗棕壤	暗棕壤	亚暗矿质暗棕壤	亚暗矿质暗棕壤	348.00	54.00	230.23
		暗矿质暗棕壤	暗矿质暗棕壤	346.00	61.00	254.47
		沙砾质暗棕壤	沙砾质暗棕壤	292.00	259.00	275.50
	白浆化暗棕壤	亚暗矿质白浆化暗棕壤	亚暗矿质白浆化暗棕壤	283.00	125.00	241.91
	草甸暗棕壤	亚暗矿质草甸暗棕壤	亚暗矿质草甸暗棕壤	294.00	225.00	248.79
		麻沙质草甸暗棕壤	麻沙质草甸暗棕壤	268.00	268.00	268.00
黑土	黑土	黄土质黑土	薄层黄土质黑土	350.00	38.00	249.35
			中层黄土质黑土	300.00	33.00	246.39
		沙底黑土	中层沙底黑土	256.00	197.00	228.85
	草甸黑土	黄土质草甸黑土	薄层黄土质草甸黑土	297.00	126.00	246.97
草甸土	草甸土	沙壤质草甸土	薄层沙壤质草甸土	292.00	78.00	215.43
		黏壤质草甸土	薄层黏壤质草甸土	313.00	78.00	231.01
		沙砾底草甸土	薄层沙砾底草甸土	238.00	144.00	207.70
	潜育草甸土	黏壤质潜育草甸土	薄层黏壤质潜育草甸土	346.00	109.00	254.74
		沙砾底潜育草甸土	薄层沙砾底潜育草甸土	347.00	35.00	244.23
沼泽土	沼泽土	沙砾底沼泽土	薄层沙砾底沼泽土	290.00	126.00	237.64
	草甸沼泽土	黏质草甸沼泽土	薄层黏质草甸沼泽土	342.00	45.00	246.66
	泥炭沼泽土	泥炭腐殖质沼泽土	薄层泥炭腐殖质沼泽土	221.00	106.00	174.41

六、土壤全钾

土壤全钾是土壤中各种形态钾的总量，缓效钾的不断释放可以使速效钾维持在适当的水平。当评价土壤的长期供钾能力时，应要考虑土壤全钾的含量。土壤中的钾包括 3 种形态：①矿物钾。主要存在于土壤粗粒部分，约占全钾的 90% 左右，植物极难吸收。②缓效性钾。占全钾的 2% ~8%，是土壤速效钾的给源。③速效性钾。指吸附于土壤胶体表面的代换性钾和土壤溶液中的钾离子。植物主要是吸收土壤溶液中的钾离子。当季植物的钾营养水平主要决定于土壤速效钾的含量。一般速效性钾含量仅占全钾的 0.1% ~2%，其含量除受耕作、施肥等影响外，还受土壤缓效性钾贮量和转化速率的控制。调查表明，全区耕地土壤全钾平均为 10.74g/kg，变化幅度平均最大值 33.69 g/kg，最小平均值 3.36 g/kg（图 2 - 12，表 2 -56）。

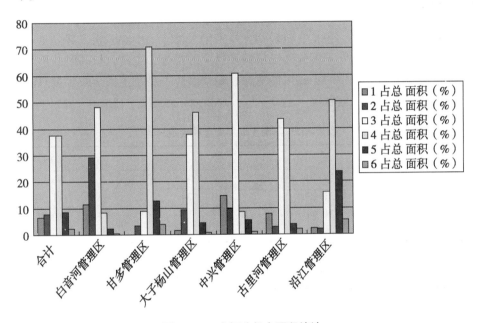

图 2 - 12 全钾分级占面积统计

表 2 - 56 土壤类型全钾情况统计　　　　　　　　　　　　　　（单位：g/kg）

土类	亚类	土属	新土种	最大值	最小值	平均值
暗棕壤	暗棕壤	亚暗矿质暗棕壤	亚暗矿质暗棕壤	32.24	3.61	9.63
		暗矿质暗棕壤	暗矿质暗棕壤	33.70	3.36	11.91
		沙砾质暗棕壤	沙砾质暗棕壤	13.62	10.98	11.97
	白浆化暗棕壤	亚暗矿质白浆化暗棕壤	亚暗矿质白浆化暗棕壤	8.70	5.61	7.82
	草甸暗棕壤	亚暗矿质草甸暗棕壤	亚暗矿质草甸暗棕壤	11.68	9.13	10.52
		麻沙质草甸暗棕壤	麻沙质草甸暗棕壤	9.80	9.80	9.80
黑土	黑土	黄土质黑土	薄层黄土质黑土	31.23	3.34	11.59
			中层黄土质黑土	9.50	3.75	7.85
		沙底黑土	中层沙底黑土	28.37	7.64	11.02
	草甸黑土	黄土质草甸黑土	薄层黄土质草甸黑土	13.65	4.10	10.38

（续表）

土类	亚类	土属	新土种	最大值	最小值	平均值
草甸土	草甸土	沙壤质草甸土	薄层沙壤质草甸土	13.24	4.17	8.27
		黏壤质草甸土	薄层黏壤质草甸土	19.72	4.17	10.83
		沙砾底草甸土	薄层沙砾底草甸土	9.65	5.04	7.66
	潜育草甸土	黏壤质潜育草甸土	薄层黏壤质潜育草甸土	25.98	3.43	10.61
		沙砾底潜育草甸土	薄层沙砾底潜育草甸土	22.41	4.20	10.38
沼泽土	沼泽土	沙砾底沼泽土	薄层沙砾底沼泽土	21.32	4.12	10.11
	草甸沼泽土	黏质草甸沼泽土	薄层黏质草甸沼泽土	31.64	3.26	10.35
	泥炭沼泽土	泥炭腐殖质沼泽土	薄层泥炭腐殖质沼泽土	9.48	3.82	7.36

七、土壤全磷

　　土壤全磷量即磷总贮量，包括有机磷和无机磷量大类，土壤中磷素大部分是以迟效状态存在，因此，土壤全磷含量并不能作为土壤磷素供应的指标，全磷含量高时并不意味着磷供应充足，而全磷低于某一水平时，却可能意味着磷素供应不足。土壤全磷含量只能代表磷素贮量，不能反映土壤磷素供应状况（表 2-57、表 2-58 和图 2-13）。

表 2-57　不同土壤类型全磷含量对比　　　　　　　（单位：g/kg）

土壤名称	最大	最小	平均值
暗棕壤	33.70	3.36	10.95
黑土	31.23	3.34	11.33
沼泽土	31.64	3.17	10.28
草甸土	25.98	3.43	10.40

表 2-58　土壤类型全磷情况统计　　　　　　　（单位：g/kg）

土类	亚类	土属	新土种	最大值	最小值	平均值
暗棕壤	暗棕壤	亚暗矿质暗棕壤	亚暗矿质暗棕壤	32.24	3.61	9.63
		暗矿质暗棕壤	暗矿质暗棕壤	33.70	3.36	11.91
		沙砾质暗棕壤	沙砾质暗棕壤	13.62	10.98	11.97
	白浆化暗棕壤	亚暗矿质白浆化暗棕壤	亚暗矿质白浆化暗棕壤	8.70	5.61	7.82
	草甸暗棕壤	亚暗矿质草甸暗棕壤	亚暗矿质草甸暗棕壤	11.68	9.13	10.52
		麻沙质草甸暗棕壤	麻沙质草甸暗棕壤	9.80	9.80	9.80
黑土	黑土	黄土质黑土	薄层黄土质黑土	31.23	3.34	11.59
			中层黄土质黑土	9.50	3.75	7.85
		沙底黑土	中层沙底黑土	28.37	7.64	11.02
	草甸黑土	黄土质草甸黑土	薄层黄土质草甸黑土	13.65	4.10	10.38
草甸土	草甸土	沙壤质草甸土	薄层沙壤质草甸土	13.24	4.17	8.27
		黏壤质草甸土	薄层黏壤质草甸土	19.72	4.17	10.83
		沙砾底草甸土	薄层沙砾底草甸土	9.65	5.04	7.66
	潜育草甸土	黏壤质潜育草甸土	薄层黏壤质潜育草甸土	25.98	3.43	10.61
		沙砾底潜育草甸土	薄层沙砾底潜育草甸土	22.41	4.20	10.38

（续表）

土类	亚类	土属	新土种	最大值	最小值	平均值
沼泽土	沼泽土	沙砾底沼泽土	薄层沙砾底沼泽土	21.32	4.12	10.11
	草甸沼泽土	黏质草甸沼泽土	薄层黏质草甸沼泽土	31.64	3.26	10.35
	泥炭沼泽土	泥炭腐殖质沼泽土	薄层泥炭腐殖质沼泽土	9.48	3.82	7.36

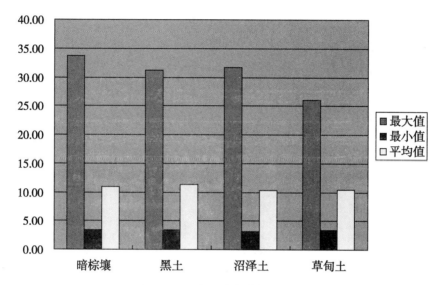

图 2-13 各土类全磷含量对比

八、土壤微量元素

土壤微量元素是人们依据各种化学元素在土壤中存在的数量划分的一部分含量很低的元素。微量元素与其他大量元素一样，在植物生理功能上是同等重要的，并且不可相互替代。土壤养分库中微量元素的不足会影响作物的生长、产量和品质。土壤中的微量元素含量是耕地地力的重要指标。土壤微量元素是人们依据各种化学元素在土壤中存在的数量划分的一部分含量很低的元素。微量元素与其他大量元素一样，在植物生理功能上是同等重要的，并且不可相互替代。土壤养分库中微量元素的不足会影响作物的生长、产量和品质。土壤中的微量元素含量是耕地地力的重要指标。

土壤中微量元素的含量与土壤类型、母质以及土壤所处的环境条件有密切关系。同时，也与土地开垦时间、微量元素肥料和有机肥料施入量有关。在一块地长期种植一种作物，也会对土壤中微量元素含量有较大的影响。不同作物对不同的微量元素的敏感性也不相同，如玉米对锌比较敏感，缺锌时玉米出现白叶病；大豆对硼、钼的需要量较多，严重缺乏时表现"华而不实"；马铃薯需要较多的硼、铜，而氯过多则会影响其品质和糖分含量。由于第二次土壤普查当时条件有限，没有对微量元素调查、测试，所以，这次的所有微量元素的调查、测试值无法与其进行比较分析。

（一）土壤有效锌

锌是农作物生长发育不可缺少的微量营养元素，作物缺锌症状锌是作物生长发育不可缺少的一种微量元素，它既植物体内氧化还原过程的催化剂，又是参与植物细胞呼吸作用的碳酸酐酶的组成成分。在作物体内锌主要参与生长素的合成和某些酶的活动。缺锌，作物生长受抑制，叶小簇生，坐蒂不发，叶脉间失绿发白，叶黄矮化，根系生长不良，不利于种子形成，从而影响作物产量及品质。如玉米缺锌时出现花白苗，在 3~5 叶期幼叶呈淡黄色或白色，中后期节间缩短，植株矮小，根部发黑，不结果穗或果穗秃尖瞎粒，甚至干枯死亡，水稻缺锌，植株矮缩，小花不孕率增加，延迟成熟。不同作物对锌肥敏感度不同，对锌肥敏感的作物有玉米、大豆、番茄、西瓜等（图 2-14，表 2-59）。

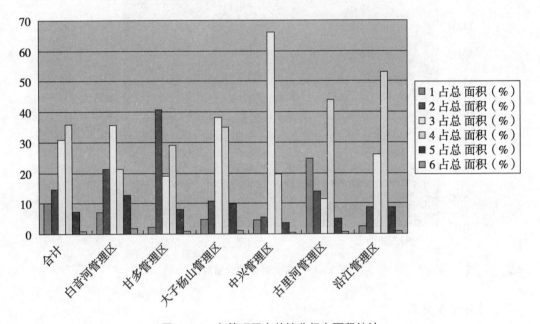

图 2-14　各管理区有效锌分级占面积统计

表 2-59　土壤有效锌情况统计　　　　　　　　　　　　　　　　（单位：mg/kg）

土类	亚类	土属	新土种	最大值	最小值	平均值
暗棕壤	暗棕壤	亚暗矿质暗棕壤	亚暗矿质暗棕壤	3.88	0.17	1.69
		暗矿质暗棕壤	暗矿质暗棕壤	7.15	0.17	1.61
		沙砾质暗棕壤	沙砾质暗棕壤	2.84	1.55	2.29
	白浆化暗棕壤	亚暗矿质白浆化暗棕壤	亚暗矿质白浆化暗棕壤	2.46	1.32	1.54
	草甸暗棕壤	亚暗矿质草甸暗棕壤	亚暗矿质草甸暗棕壤	2.46	1.59	1.95
		麻沙质草甸暗棕壤	麻沙质草甸暗棕壤	1.50	1.50	1.50
黑土	黑土	黄土质黑土	薄层黄土质黑土	11.48	0.27	1.68
			中层黄土质黑土	2.11	0.76	1.25
		沙底黑土	中层沙底黑土	1.46	1.15	1.30
	草甸黑土	黄土质草甸黑土	薄层黄土质草甸黑土	3.69	0.87	1.60
草甸土	草甸土	沙壤质草甸土	薄层沙壤质草甸土	1.51	0.28	0.95
		黏壤质草甸土	薄层黏壤质草甸土	5.50	0.34	1.48
		沙砾底草甸土	薄层沙砾底草甸土	1.22	0.93	1.12
	潜育草甸土	黏壤质潜育草甸土	薄层黏壤质潜育草甸土	4.80	0.41	2.53
		沙砾底潜育草甸土	薄层沙砾底潜育草甸土	5.98	0.28	1.70

（续表）

土类	亚类	土属	新土种	最大值	最小值	平均值
沼泽土	沼泽土	沙砾底沼泽土	薄层沙砾底沼泽土	2.64	0.55	1.63
	草甸沼泽土	黏质草甸沼泽土	薄层黏质草甸沼泽土	11.48	0.17	1.65
	泥炭沼泽土	泥炭腐殖质沼泽土	薄层泥炭腐殖质沼泽土	2.02	0.69	1.52

（二）土壤有效铜

铜是植物体内抗坏血酸氧化酶、多酚氧化酶和质体蓝素等电子递体的组成成分，在代谢过程中起到重要的作用，同时，亦是植物抗病的重要机制。按铜在土壤中的形态可分为水溶态铜、代换性铜、难溶性铜以及铜的有机化合物。水溶态、代换性的铜能被作物吸收利用，因此，称为有效态铜。后两者铜则很难被植物吸收利用。4 种形态的铜加在一起称为全量铜。水溶态铜在土壤中含量较少，一般不易测出，主要是有机酸所形成的可溶性络合物，例如：草酸铜和柠檬铜。此外，还有硝酸铜和氯化铜。代换态铜是土壤胶体所吸附的铜离子和铜络离子。

作物缺铜生长瘦弱，新生叶失绿发黄，呈调萎干枯状，叶尖发白卷曲，叶绿黄灰色，叶片上出现坏死的斑点，分蘖或侧芽多，呈丛生状，繁殖器官的发育受阻，禾本物作物一般对铜比较敏感，缺铜时，新叶呈灰绿色，卷曲，发黄，老叶在叶舌处弯曲或折断，叶尖枯萎，叶鞘下部有灰白色斑点，有时扩展成灰色条纹，最后干枯死亡。分蘖多，呈丛生状，分蘖大多不能成穗，或抽出的穗扭曲畸形，不结实或只有少数瘪粒。果树缺铜，叶片失绿畸形，枝条弯曲，出现长瘤状物或斑块，甚至会出现顶梢枯并逐渐向下发展，侧芽增多，树皮出现裂纹，并分泌出胶状物，果实变硬。

（1）按作物对缺铜反应敏感性施用铜肥，大致可将作物分成 3 类：①对缺铜反应敏感作物，如麦类、水稻、洋葱、莴苣、花椰菜、胡萝卜等；②对缺铜反应较敏感作物如马铃薯、甘薯、黄瓜、番茄、果树等；③对缺铜反应一般作物，如玉米、大豆、油菜等，对缺铜敏感的作物，施铜肥肥效高，应优先考虑施用铜肥。

（2）根据土壤有效铜含量施用铜肥，当土壤有效铜低于 0.1mg/kg 时，施铜肥有一定效果，有效铜量低的土壤，施用效果显著。

（3）常用铜肥是硫酸铜，施用方法有基施、喷施和作种肥（表 2 - 60、表 2 - 61 和图 2 - 15）。

表 2 - 60 土壤有效锌分级面积统计

乡镇名称	1	2	3	4	5	6
	占总面积（%）	占总面积（%）	占总面积（%）	占总面积（%）	占总面积（%）	占总面积（%）
合计	3.50	11.08	31.84	40.12	9.92	3.54
白音河管理区	4.08	10.07	56.47	23.43	4.76	1.19
甘多管理区	4.58	7.70	18.67	59.35	5.86	3.85
大子杨山管理区	6.57	12.56	20.67	44.08	10.18	5.93
中兴管理区	2.38	9.10	16.18	59.14	8.46	4.74

（续表）

乡镇名称	1 占总面积（%）	2 占总面积（%）	3 占总面积（%）	4 占总面积（%）	5 占总面积（%）	6 占总面积（%）
古里河管理区	3.33	18.16	50.10	27.07	1.07	0.26
沿江管理区	0.89	2.77	19.91	38.96	30.78	6.69

表 2-61　土壤类型有效铜情况统计　（单位：mg/kg）

土类	亚类	土属	新土种	最大值	最小值	平均值
暗棕壤	暗棕壤	亚暗矿质暗棕壤	亚暗矿质暗棕壤	1.56	0.11	0.73
		暗矿质暗棕壤	暗矿质暗棕壤	1.94	0.16	0.82
		沙砾质暗棕壤	沙砾质暗棕壤	1.19	0.62	0.88
	白浆化暗棕壤	亚暗矿质白浆化暗棕壤	亚暗矿质白浆化暗棕壤	1.15	0.45	0.74
	草甸暗棕壤	亚暗矿质草甸暗棕壤	亚暗矿质草甸暗棕壤	1.11	0.67	0.87
		麻沙质草甸暗棕壤	麻沙质草甸暗棕壤	0.67	0.67	0.67
黑土	黑土	黄土质黑土	薄层黄土质黑土	3.15	0.07	0.85
			中层黄土质黑土	1.01	0.42	0.72
		沙底黑土	中层沙底黑土	1.55	0.71	0.98
	草甸黑土	黄土质草甸黑土	薄层黄土质草甸黑土	1.34	0.04	0.82
草甸土	草甸土	沙壤质草甸土	薄层沙壤质草甸土	1.25	0.72	1.01
		黏壤质草甸土	薄层黏壤质草甸土	1.40	0.04	0.72
		沙砾底草甸土	薄层沙砾底草甸土	0.72	0.52	0.66
	潜育草甸土	黏壤质潜育草甸土	薄层黏壤质潜育草甸土	1.46	0.35	1.08
		沙砾底潜育草甸土	薄层沙砾底潜育草甸土	2.57	0.28	0.80
沼泽土	沼泽土	沙砾底沼泽土	薄层沙砾底沼泽土	1.35	0.48	0.75
	草甸沼泽土	黏质草甸沼泽土	薄层黏质草甸沼泽土	1.87	0.05	0.81
	泥炭沼泽土	泥炭腐殖质沼泽土	薄层泥炭腐殖质沼泽土	0.64	0.34	0.55

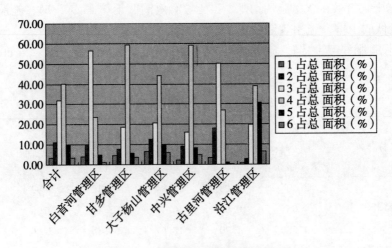

图 2-15　土壤有效锌分级面积统计

（三）土壤有效铁

铁在作物体内是一些酶的组分。由于常居于某些重要氧化还原酶结构上的活性部分，起着电子传递的作用，对于催化各类物质（碳水化合物、脂肪和蛋白质等）代谢中的氧化还原反映，有着重要影响。因此，铁与碳、氮代谢的关系十分密切。铁参与植物体呼吸作用和有机大分子代谢活动，为合成叶绿体必需元素。作物缺铁导致叶片失绿、甚至枯萎死亡。在分析中发现土壤有机质。成土母质决定全铁含量，对有效铁的影响也极为深刻（表2-62，图2-16）。

表2-62　土壤有效锌分级面积统计　　　　　　　　　　　（单位：hm²）

乡镇名称	1	2	3	4	5	6
	占总面积（%）	占总面积（%）	占总面积（%）	占总面积（%）	占总面积（%）	占总面积（%）
合计	1	12.9	33.3	43.7	4.4	0.3
白音河管理区	0.5	10.9	25.4	57.1	5.4	0.6
甘多管理区	0.6	1.8	42	44.8	10.7	0.1
大子杨山管理区	2.4	7.9	35.9	48.2	5.6	0
中兴管理区	0.1	32.2	42.7	22.1	2.4	0.5
古里河管理区	0.2	2.4	13.8	63.1	4.7	0.3
沿江管理区	2.3	24	53	19.6	0.6	0.5

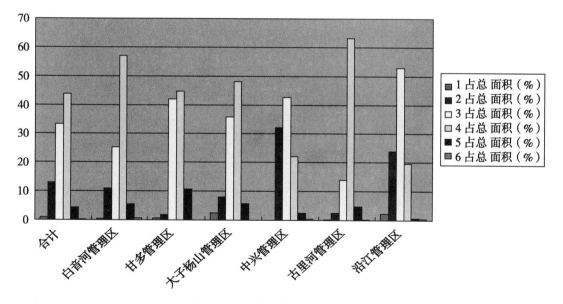

图2-16　土壤有效铁分级面积统计

（四）土壤有效锰

锰是植物生长和发育的必需营养元素之一，在植物体内直接参与光合作用，也是植物许多酶的重要组成部分，影响植物组织中生长素的水平，参与硝酸还原成氨的作用等，土壤中全锰（Mn）含量比较丰富，但变幅也比较大，一般在100～5 000mg/kg，平均为850mg/kg。

我国土壤中全锰含量在 42~3 000mg/kg，平均含量为 710mg/kg。土壤中锰的总含量因母质的种类、质地、成土过程以及土壤的酸度、有机质的积累程度等而异，其中，母质的影响尤为明显。土壤中锰的化学行为与铁十分相近。土壤中锰的形态十分复杂而且很容易起变化，但主要以 2 价、3 价、4 价的状态 存在，如 Mn^{2+}、$Mn_2O_3 \cdot xH_2O$ 和 MnO_2 等，但三价锰在溶液中不稳定。引起锰形态转化的因素主要是土壤的酸碱度和氧化还原状况。当土壤在酸性（pH 值 <6）和淹水还原的条件下，可溶性锰（主要是 Mn^{2+}）将大大增加，而在碱性和氧化条件下，可溶性锰离子被固定或成为不溶性氧化物。所以，缺锰的土壤主要是质地轻的石灰性土壤，而在强酸性或强还原性的水田，作物则有可能会有锰中毒的现象出现。栽培管理措施可显著影响土壤中锰的有效性。因此，土壤有效锰的测定应该采用新鲜的田间原始土，不应该采用常规风干磨细后的土样（表 2 – 63、表 2 – 64）。

表 2 – 63 土壤有效锰分级面积统计 （单位：hm^2）

乡镇名称	1 占总面积（%）	2 占总面积（%）	3 占总面积（%）	4 占总面积（%）	5 占总面积（%）	6 占总面积（%）
合计	1.74	2.88	18.58	41.68	28.25	6.87
白音河管理区	0.87	2.63	5.51	48.94	35.9	6.14
甘多管理区	5.24	1.09	25.09	50.46	12.38	5.74
大子杨山管理区	0.42	1.9	10.94	31.91	40.04	14.78
中兴管理区	1.05	7.78	39.72	66.68	49.92	7.4
古里河管理区	2.11	2.17	15.37	33.49	4.58	4.76
沿江管理区	1.53	1.56	15.76	31.2	39.31	3.41

表 2 – 64 有效锰情况统计 （单位：mg/kg）

土类	亚类	土属	新土种	最大值	最小值	平均值
暗棕壤	暗棕壤	亚暗矿质暗棕壤	亚暗矿质暗棕壤	88.97	9.32	44.07
		暗矿质暗棕壤	暗矿质暗棕壤	107.54	18.46	41.41
		沙砾质暗棕壤	沙砾质暗棕壤	44.81	23.25	36.95
	白浆化暗棕壤	亚暗矿质白浆化暗棕壤	亚暗矿质白浆化暗棕壤	71.11	41.26	51.32
	草甸暗棕壤	亚暗矿质草甸暗棕壤	亚暗矿质草甸暗棕壤	50.38	33.60	42.39
		麻沙质草甸暗棕壤	麻沙质草甸暗棕壤	27.60	27.60	27.60
黑土	黑土	黄土质黑土	薄层黄土质黑土	108.68	14.48	42.73
			中层黄土质黑土	70.79	28.36	45.55
		沙底黑土	中层沙底黑土	46.34	29.08	38.68
	草甸黑土	黄土质草甸黑土	薄层黄土质草甸黑土	74.52	9.32	45.10
草甸土	草甸土	沙壤质草甸土	薄层沙壤质草甸土	44.70	29.08	33.23
		黏壤质草甸土	薄层黏壤质草甸土	77.47	8.83	44.59
		沙砾底草甸土	薄层沙砾底草甸土	44.70	43.15	44.14
	潜育草甸土	黏壤质潜育草甸土	薄层黏壤质潜育草甸土	126.53	3.57	46.54
		沙砾底潜育草甸土	薄层沙砾底潜育草甸土	84.62	19.58	43.46

（续表）

土类	亚类	土属	新土种	最大值	最小值	平均值
沼泽土	沼泽土	沙砾底沼泽土	薄层沙砾底沼泽土	88.97	23.59	43.54
	草甸沼泽土	黏质草甸沼泽土	薄层黏质草甸沼泽土	84.65	8.46	43.54
	泥炭沼泽土	泥炭腐殖质沼泽土	薄层泥炭腐殖质沼泽土	46.29	25.40	40.59

第二节　土壤物理性状

土壤物理性状是重要分肥力因素，它调节、制约土壤中水、肥、气、热状况，影响土壤水肥气热的协调性和土壤中养分与水分的运移，决定土壤供给作物的养分能力和作物产量的形成。土壤物理性状主要包括土壤质地、土体构型、土壤容重和砾石含量等。合理耕作和施肥能够增强土壤的通透性，改善土壤的物理性状，是获得高品质、高产量和提高土壤肥力的因素。大兴安岭岭南生态农业示范区的过度开垦和不合理耕作，导致土壤的物理性状逐步恶化，主要表现在土壤结构变劣、容重增加、腐殖质层厚度和有效土层厚度减少、地表砾石含量增加等方面。

一、土壤 pH 值

土壤酸碱度用 pH 值表示，是土壤溶液中氢离子浓度的负对数值。是土壤溶液中的碳酸和其盐类，可溶性有机酸和可水解的有机、无机酸的盐类所引起的。酸碱度的大小直接影响到作物的生长、土壤微生物的活动和土壤各类养分元素的状态及利用情况。

岭南生态农业示范区土壤的 pH 值在 4.5～6.5 呈弱酸性，按分级标准大部分耕地在三级、四级范围内，占耕地的 70%。与长期大量施用商品化肥，特别是生理酸性肥料有着密切的关系。从化肥施用情况可以看出，商品化肥的施用量是不断增加的。在耕地土壤上长期施用酸性或生理酸性肥料，如氧化钾、硫酸钾、普通过磷酸钙、大多数的复（混）合肥、氯化铵、硫酸铵等也可以使土壤 pH 值下降，而在微酸性或酸性土壤上施用，则可以加速土壤酸化（表 2 – 65）。

表 2 – 65　土壤类型 pH 值情况统计

土类	亚类	土属	新土种	最大值	最小值
暗棕壤	暗棕壤	亚暗矿质暗棕壤	亚暗矿质暗棕壤	7.18	4.82
		暗矿质暗棕壤	暗矿质暗棕壤	7.68	5.05
		沙砾质暗棕壤	沙砾质暗棕壤	6.18	5.97
	白浆化暗棕壤	亚暗矿质白浆化暗棕壤	亚暗矿质白浆化暗棕壤	6.11	5.78
	草甸暗棕壤	亚暗矿质草甸暗棕壤	亚暗矿质草甸暗棕壤	6.28	5.81
		麻沙质草甸暗棕壤	麻沙质草甸暗棕壤	5.98	5.98
黑土	黑土	黄土质黑土	薄层黄土质黑土	7.97	5.06
			中层黄土质黑土	6.15	5.76
		沙底黑土	中层沙底黑土	6.12	5.05
	草甸黑土	黄土质草甸黑土	薄层黄土质草甸黑土	6.80	5.17

（续表）

土类	亚类	土属	新土种	最大值	最小值
草甸土	草甸土	沙壤质草甸土	薄层沙壤质草甸土	5.63	5.05
		黏壤质草甸土	薄层黏壤质草甸土	6.25	5.24
		沙砾底草甸土	薄层沙砾底草甸土	6.21	5.52
	潜育草甸土	黏壤质潜育草甸土	薄层黏壤质潜育草甸土	6.53	5.05
		沙砾底潜育草甸土	薄层沙砾底潜育草甸土	6.96	5.17
沼泽土	沼泽土	沙砾底沼泽土	薄层沙砾底沼泽土	6.44	5.05
	草甸沼泽土	黏质草甸沼泽土	薄层黏质草甸沼泽土	7.97	5.05
	泥炭沼泽土	泥炭腐殖质沼泽土	薄层泥炭腐殖质沼泽土	5.86	5.70

二、土壤容重

容重是指单位体积内自然状态土壤干重和同体积4℃水的重量的比值。土壤的有机质含量低、质地轻，结构不良容重大。其保水保肥能力和通气状况很差。有机质含量高的土壤其容重 $<1g/cm^3$，熟化的耕层容重 $1.0 \sim 1.11g/cm^3$，板结的耕层容重在 $1.2 \sim 1.41g/cm^3$，底层土和犁底层容重 $>1.51g/cm^3$。全区土壤平均容重在 $0.89 \sim 1.31g/cm^3$。由于质地轻和多砾石，所以，一般都表现了容重很大。容重大对土壤其他物理性质有明显的影响，所以，容重是土壤物理性质的基础条件。

土壤容重是土壤肥力的重要指标。实践证明，随着化肥的大量施用，土壤养分状况对耕地肥力的作用已降为次要地位，而土壤容重等物理性对地力的影响越来越显得突出（表2-66）。

表6-66　土类土壤容重变化　　　　　　　　　　（单位：g/cm^3）

年份	暗棕壤	黑土	草甸土	沼泽土
平均值	1.23	1.13	1.07	1.12
最大值	1.31	1.21	1.32	1.31
最小值	1.01	1.06	0.89	0.98

三、土壤沙砾化程度

岭南生态农业示范区土壤发育在大兴安岭的南麓，多为山前坡地和丘陵低丘，而山前平地多在短而急河流的作用，土壤母质处于年幼阶段，风化物质地域差异甚大。任何一类土壤均有不同数量的 >1mm 的砾石。大部分土壤由沙砾组成了心土层或底土层，因此，这类土壤耕层（表土层）<30cm，土体多为沙砾和轻沙构成，当地称为沙石质多为此种类土壤。

耕地土壤中，大部分耕地的地表砾石含量在 10% ~20%，占总耕地面积的 60%，这部分耕地砾石遍布地，严重影响耕作。各类土壤中，暗棕壤地表砾石最重，其次是黑土和草甸土，沼泽土最轻。由于这些土壤所处地势坡陡风水侵蚀严重，更加表现耕层（表层）浅薄，有甚者常为一犁土（20~30cm）其他为母质和半风化物。

四、土壤水分

岭南生态农业示范区属寒温带大陆性季风气候，降水量季节分布不均，年际差异较大。随着极端气候日益增多，土壤干旱缺水日益严重，已成为影响农业生产发展的主要因素，不仅春季干旱，影响播种出苗，而且夏季也干旱，影响作物生长发育。土壤由于有机质下降，土壤胶体和结构也发生变化，土壤吸附水，膜状水也发生变化，导致田间持水量减少。

五、土壤质地

土壤质地是指土壤的砂黏程度。岭南生态农业示范区土壤质地主要以中壤—轻壤为主，有少量的沙壤和重壤，黏土很少。草甸土以轻壤—壤土为主，约占99%；由于暗棕壤多分布于山地，相对坡度较大，水土流失较重，地表常因表土层流失而心土层和大量砾石。经过20多年的耕种，土壤质地没有明显变化。但是轻壤土、壤质土的砾石含量明显增多，已达到总耕地面积的80%以上，混有大量砾石的轻壤土、壤土增多，表土变薄，表明土壤物理质量退化，亟待改良。

第五章 耕地地力评价

此次耕地地力评价是一种一般性的目的评价，并不针对某种土地利用类型，而是根据所在地区特定气候区域以及地形地貌、成土母质、土壤理化性状、农田基础设施等要素相互作用表现出来的综合特征，揭示耕地潜在生产能力的高低。通过耕地地力评价，可以全面了解岭南生态农业示范区的耕地质量现状，为合理调整农业结构；生产无公害农产品、绿色食品、有机食品；针对耕地土壤存在的障碍因素，改造中低产田，保护耕地质量，提高耕地的综合生产能力；建立耕地资源数据网络，对耕地质量实行有效的管理等提供科学依据。

第一节 耕地地力评价的原则和依据

耕地地力的评价是对耕地的基础地力及其生产能力的全面鉴定，因此，在评价时应遵循以下 3 个原则。

一、综合因素研究与主导因素分析相结合的原则

耕地地力是各类要素的综合体现，综合因素研究是对地形地貌、土壤理化性状以及相关的社会经济因素进行综合研究、分析与评价，以全面了解耕地地力状况。主导因素是指对耕地地力起决定作用的，相对稳定的因子，在评价中要着重对其进行研究分析。

二、定性与定量相结合的原则

影响耕地地力的因素有定性的和定量的，评价时定量和定性评价相结合。可定量的评价因子按其数值参与计算评价；对非数量化的定性因子要充分应用专家知识，先进行数值化处理，再进行计算评价。

三、采用 GIS 支持的自动化评价方法的原则

充分应用计算机技术，通过建立数据库、评价模型，实现评价流程的全数字化、自动化，代表我国目前耕地地力评价的最新技术方法。

第二节 耕地地力评价原理和方法

这次评价工作我们一方面充分收集有关岭南生态农业示范区耕地情况资料，建立起耕地质量管理数据库；另一方面还进行了外业的补充调查（包括土壤调查和农户的入户调查两

部分）和室内化验分析。在此基础上，通过 GIS 系统平台，采用 ARCVIEW 软件对调查的数据和图件进行数值化处理，最后利用扬州土肥站开发的《全国耕地力调查与质量评价软件系统 V3.2》进行耕地地力评价。主要的工作流程和具体评价步骤，见图 2 – 17、图 2 – 18。

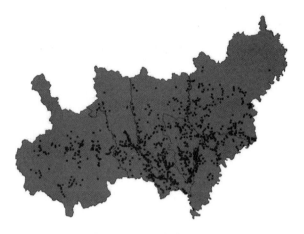

图 2 – 17 采样点分布

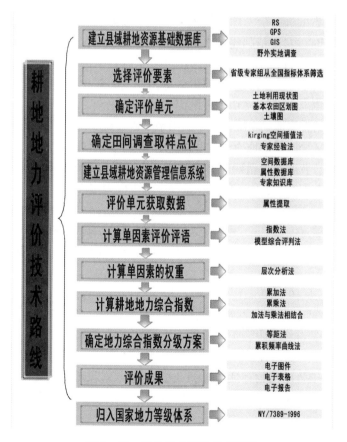

图 2 – 18 耕地地力评价技术流程

一、确定评价单元

耕地评价单元是由耕地构成因素组成的综合体。目前，通用的确定评价单元方法有以下几种：一种是以土壤图为基础，将农业生产影响一致的土壤类型归并在一起成为一个评价单元；二是以耕地类型图为基础确定评价单元；三是以土地利用现状图为基础确定评价单元；四是采用网格法确定评价单元。上述方法各有利弊。这次我们根据《全国耕地地力评价技术规程》的要求，采用综合方法确定评价单元，即用 1：50 000 土壤图、行政区划图、1：25 000 土地利用现状图，先数字化，再在计算机上叠加复合生成评价单元图斑，然后进行综合取舍，形成评价单元。这种方法的优点是考虑全面，综合性强，形成的评价单元，同一评价单元内土壤类型相同、土地利用类型相同，既满足了对耕地地力和质量做出评价，而且便于耕地利用与管理。这次岭南生态农业示范区调查共确定形成评价单元 10 555 个。（另形成工作空间的过程中，对数据字段标准化时，县域耕地资源数据字典中全磷的单位为毫克/千克，而现存的所有学术资料与全磷测定的国家标准均为克/千克，这次调查我们使用克/千克。）

二、确定评价指标

耕地地力评价因素的选择应考虑到气候因素、地形因素、土壤因素、水文及水文地层和社会经济因素等；同时，农田基础建设水平对耕地地力影响很大，也应当是构成评价因素之一。本次评价工作侧重于为农业生产服务，因此，选择评价因素的原则是：选取的因子对耕地生产力有较大的影响；选取的因子在评价区域内的变异较大，便于划分等级；同时，必须注意因子的稳定性和对当前生产密切相关的因素。

基于以上考虑，结合本地的土壤条件、农田地基础设施状况、当前农业生产中耕地存在的突出问题等，并参照《全国耕地地力调查和质量评价技术规程》中所确定的 66 项指标体系，最后确定了有效积温、坡度、无霜期、土壤质地、有机质、pH 值、有效磷、速效钾、坡向等作为评价指标。每一个指标的名称、释义、量纲、上下限等定义以及确定评价指标理由如下。

（一）pH 值

反映耕地土壤耕层（0~20cm）酸碱强度水平的指标，属数值型，无量纲。土壤 pH 值范围 4.93~7.97，不同土壤类型、不同地域间土壤 pH 值差异较大，对农作物产量影响较大。

（二）有机质

反映耕地土壤耕层（0~20cm）有机质含量的指标，属数值型，量纲表示为 g/kg。不同土壤类型、不同地域间土壤有机质分布范围 12.64~106.99g/kg，平均值为 62.47g/kg，有机质差异较大，尤其是耕作年限较长的耕地，土壤有机质下降较大。

（三）土壤质地

反映土壤颗粒粗细程度的物理性指标，属概念型，无量纲。土壤类型有暗棕壤、黑土、草甸土、沼泽土 4 种，土壤质地有中壤土、重壤土、沙壤土、轻壤土 4 种，不同土壤质地对农作物产量影响较大。

（四）有效磷

反映耕地土壤耕层（0~20cm）供磷能力的强度水平的指标，属数值型，量纲表示为毫克/千克。土壤有效磷分布范围 5.7~89.2mg/kg，不同地域间土壤有效磷值差异较大，对农作物产量影响也很大。多年肥料田间试验表明，不同磷肥用量对作物产量影响有很大差异。

（五）有效积温

主要是反映作物生长的温度指标，跨两个积温带，所以有效积温是反映作物生长的一项重要指标，≥10℃：作物生长季节高于和等于10℃积温的各日平均温度总和，数值型，量纲为℃。属数值型，量纲表示为℃。

有效积温 1 800～2 100℃，不同地域和不同海拔高度耕地有效积温差异较大，年度间有效积温比较稳定。近 10 年低海拔地区有效积温值升高。

（六）速效钾

反映耕地土壤耕层（0～20cm）供钾能力的强度水平的指标，属数值型，量纲表示为毫克/千克。土壤速效钾分布范围 33～350mg/kg，大豆产区和耕作年限较长的耕地速效钾下降幅度较大，不同钾肥用量表现有不同梯度的差异。

（七）坡度

坡度是指是地表单元陡缓的程度。地处山区，耕地土壤坡度较大，分布范围广，地形复杂，坡度从 0～18°。

（八）坡向

反映坡面的朝向。由于地形复杂，不同地块所处海拔高度不同，田面坡向有 8 个，有平地、东、南、西、北、东南、东北、西南、西北等 9 个朝向，不同朝向采光及土壤温度各不相同，对作物产量影响较大。

（九）有效锌

反映耕地土壤耕层（0～20cm）供锌能力的强度水平的指标，属数值型，量纲表示为毫克/千克。有效锌分布范围 0.16～7.15mg/kg，平均值为 1.67 mg/kg，不同土壤类型土壤有效锌含量变化较大。

三、评价单元赋值

根据各评价因子的空间分布图或属性数据库，将各评价因子数据赋值给评价单元，主要采取以下方法。

（1）对点位数据，如全氮、有效磷、速效钾等，采用插值的方法形成栅格图与评价单元图叠加，通过统计给评价单元赋值；

（2）对矢量分布图，如腐殖层厚度、容重、地形部位等，直接与评价单元图叠加，通过加权统计、属性提取，给评价单元赋值；

（3）对等高线，使用数字高程模型，形成坡度图、坡向图，与评价单元图叠加，通过统计给评价单元赋值。

四、评价指标的标准化

所谓评价指标标准化就是要对每一个评价单元不同数量级、不同量纲的评价指标数据进行 0～1 数值型指标的标准化，采用数学方法进行处理；概念型指标标准化先采用专家经验法，对定性指标进行数值化描述，然后进行标准化处理。

模糊评价法是数值标准化最通用的方法。它是采用模糊数学的原理，建立起评价指标值与耕地生产能力的隶属函数关系，其数学表达式 $\mu = f(x)$。μ 是隶属度，这里代表生产能力；x 代表评价指标值。根据隶属函数关系，可以对于每个 χ 算出其对应的隶属度 μ，是 0→1 中间的数值。在这次评价中，我们将选定的评价指标与耕地生产能力的关系分为戒上型函数、戒下型函数、峰型函数、直线型函数以及概念型 5 种类型的隶属函数。前 4 种类型可以先通过专家打分的办法对一组评价单元值评估出相应的一组隶属度，根据这两组数据拟合隶属函数，计算所有评价单元的隶属度；后一种是采用专家直接打分评估法，确定每一种概念型的评价单元的隶属度。以下是各个评价指标隶属函数的建立和标准化结果。

（一）pH 值

1. 专家评估（表 2 -67）

表 2 - 67　pH 值隶属度评估

pH 值	4.5	5	5.5	6	6.5	7	7.5	8
隶属度	0.45	0.6	0.73	0.84	0.95	1	0.9	0.75

2. 隶属函数（图 2 -19）

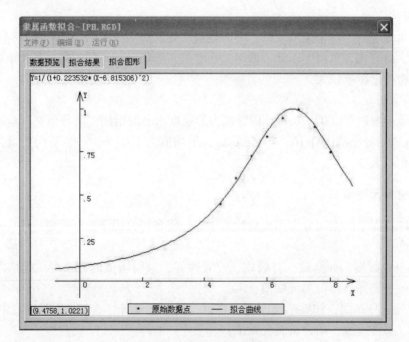

图 2 - 19　pH 值隶属函数拟合

（二）坡度（数值型）

1. 专家评估（表 2 -68）

表 2 - 68　坡度隶属函数评估

坡度	0	3	6	9	12	15	18
隶属度	1	0.93	0.82	0.7	0.58	0.43	0.3

2. 隶属函数（图2-20）

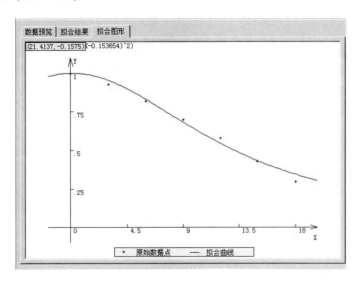

图2-20　坡度隶属函数拟合

（三）速效钾

1. 专家评估（表2-69）

表2-69　速效钾隶属度评估

速效钾（mg/kg）	20	50	80	100	150	200	250	300	350
隶属度	0.4	0.44	0.5125	0.55	0.675	0.8125	0.94	0.98	1

2. 隶属函数（图2-21）

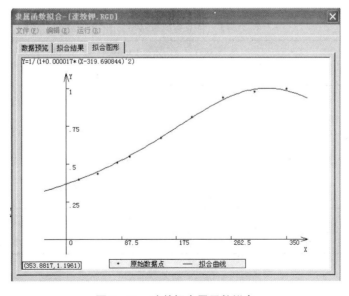

图2-21　速效钾隶属函数拟合

(四) 有机质 (戒上型)

1. 专家评估 (表 2 - 70)

表 2 - 70 有机质隶属度评估

有机质	10	20	30	40	50	60
隶属度	0.45	0.65	0.8	0.91	0.98	0.1

2. 隶属函数 (图 2 - 22)

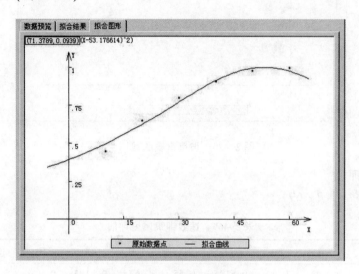

图 2 - 22 有机质隶属函数拟合

(五) 有效积温 (数值型)

1. 专家评估 (表 2 - 71)

表 2 - 71 有效积温隶属函数评估

≥10℃有效积温	1 800	1 900	1 950	2 000	2 100
隶属度	0.41	0.55	0.75	0.9	1

2. 隶属函数 (图 2 - 23)

(六) 有效磷

1. 专家评估 (表 2 - 72)

表 2 - 72 有效磷隶属度评估

有效磷 (mg/kg)	10	20	30	40	50	60	80
隶属度	0.3	0.40	0.50	0.62	0.75	0.90	1.00

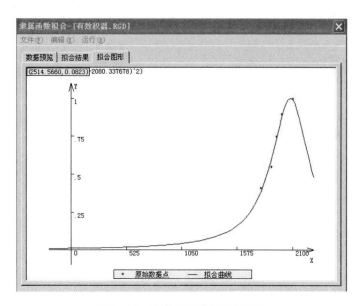

图 2 - 23　有效积温隶属函数拟合

2. 隶属函数（图 2 - 24）

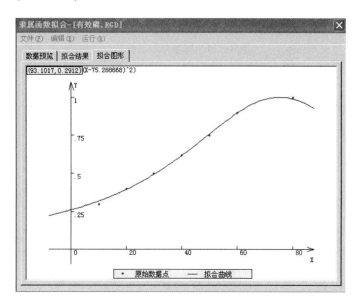

图 2 - 24　有效磷隶属函数拟合

（七）有效锌（数值型）

1. 专家评估（表 2 - 73）

表 2 - 73　土壤有效锌隶属函数评估

有效锌（mg/kg）	0.1	0.5	1.0	1.5	2.0	2.5	3.5
隶属度	0.3	0.4	0.55	0.70	0.85	0.95	1.00

2. 建立函数（图2－25）

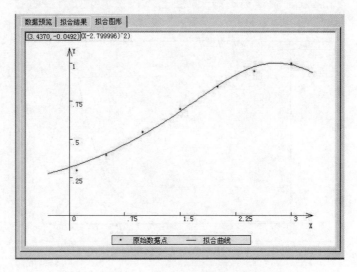

图2－25 有效锌隶属函数拟合

（八）质地

质地评估，见表2－74。

表2－74 质地隶属度评估

质地	重壤土	中壤土	轻壤土	沙壤土
隶属度	1	0.80	0.50	0.30

（九）坡向（概念型）

坡向评估，见表2－75。

表2－75 坡向隶属函数评估

坡向	东	南	西	北	东南	西南	平地
隶属度	0.6	0.95	0.7	0.2	0.8	0.45	1

（十）地貌类型（概念型）

地貌类型评估，见表2－76。

表2－76 地貌类型隶属函数评估

分类编号	地貌类型	隶属度
1	低山	0.5
2	丘陵	0.8
3	河谷平原	1
4	河漫滩	0.1

（十一）地形部位（概念型）

地形部位评估，见表2-77。

表2-77 地形部位隶属函数评估

分类编号	地形部位	隶属度
1	冲积平原-低平地	0.8
2	低丘缓坡	0.5
3	低山顶部	0.3
4	低山丘陵上部	0.4
5	低山丘陵下部	0.6
6	低山丘陵中部	0.5
7	蝶形洼地	0.5
8	岗丘缓坡地	0.6
9	高河漫滩	0.3
10	河谷两岸阶地	0.9
11	河谷平原-高平地	0.95
12	河谷平原-平地	1
13	河滩地、河谷水线	0.3
14	河漫滩地、山间洼地	0.2
15	河滩水线	0.1
16	平顶山、漫岗上部	0.6
17	坡状平原	0.85
18	坡状平原上部	0.7
19	坡状平原中部	0.75

（十二）障碍层类型（概念型）

障碍层类型评估，见表2-78。

表2-78 障碍层类型隶属函数评估

障碍层类型	沙砾层	沙漏层	黏盘层
隶属度	0.3	0.3	1

五、建立层次分析模型、确定指标权重

采用层次分析法确定每一个评价因素对耕地综合地力的贡献大小，层次分析方法的基本原理是把复杂问题中的各个因素，按照相互之间的隶属关系排成从高到低的若干层次，根据对一定客观现实的判断，就同一层次相对重要性相互比较的结果，决定层各元素重要性先后次序。

采用层次分析法作系统分析，首先要把问题层次化，根据问题的性质和要达到的总目标，将问题分解为不同的组成因素，并按照因素间的相互关联影响以及隶属关系将因素按不同层次聚合，形成一个多层次的分析结构模型，并最终把系统分析归结为最低层（供决策的方案、措施等），相对最高层（总目标）的相对重要性权值的确定或相对优劣次序的排序问题。

在排序计算中，每一层次的因素相对上一层次某一因素的单排序问题，又可简化为一系列成对因素的判断比较。为了将比较判断定量比，层次分析法引入 1~9 比率标度方法，并写成矩阵形式，即构成所谓的判断矩阵。形成判断矩阵后，即可通过计算判断矩阵的最大特征及其对应的特征向量，计算出某一层次相对于上一层次某一个元素的相对重要性权值。在计算出某一层次相对于上一层次各个因素的单排序权值后，用上一层次因素本身的权值加权综合就可计算出某层因素相对于上一层整个层次的相对重要性权值，即层次总排序权值。这样，依次由上而下即可计算出最低层因素相对于最高层的相对重要性权值或相对优劣次序的排序值。决策者根据对系统的这种数量分析，进行决策、政策评价、选择方案、制订和修改计划、分配资源、决定需求、预测结果、找到解决冲突的方法等（图 2−26）。

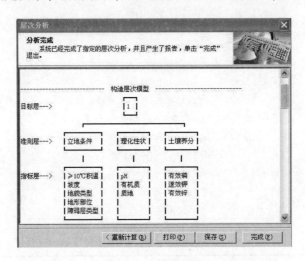

图 2−26　层次结构

1. 层次分析模型编辑

模型编辑主要是根据用户提供的图层，新建、编辑或删除一个层次分析模型。

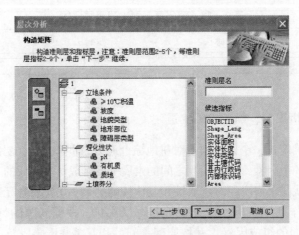

图 2−27　层次模型的专家评估

2. 确定各评价因素的综合权重

采用专家评估法，比较同一层次各因素对上一层次的相对重要性，给出数量化的评估。

专家评估的初步结果经合适的数学处理后（包括实际计算的最终结果—组合权重）反馈给专家，请专家重新修改或确认。经多轮反复形成最终的判断矩阵（图2-27）。

利用层次分析计算方法确定每一个评价因素的综合评价权重。结果如图2-28至图2-31。

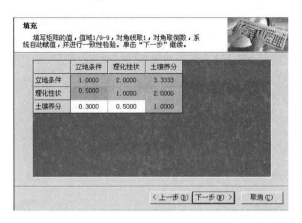

图2-28 准则层的专家评估

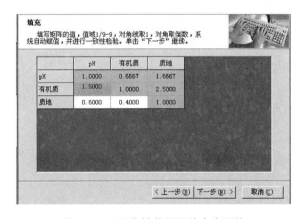

图2-29 立地条件因子的专家评估

图2-30 理化性状因子的专家评估

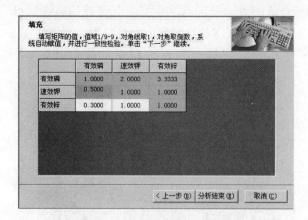

图 2 – 31　养分因子的专家评估

3. 层次分析结果（图 2 – 32）

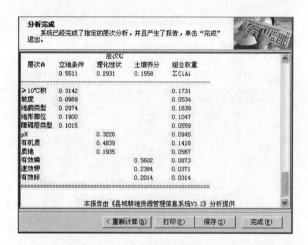

图 2 – 32　层次分析结果

4. 评价因子排序

结合岭南生态农业示范区实际情况最后确定了 11 项评价指标，分别是：地形部位、地貌类型、质地、障碍层类型、有效磷、有机质、pH 值、速效钾、坡度、有效积温、有效锌，指标权重由省、地、区农业专家多次会商后，提交省地力评价工作领导小组，经省地力评价技术专家组综合评定赋值，评价指标组合权重结果，如表 2 – 79。

表 2 – 79　评价指标权重排序

评价指标	权重	排序
有效积温	0.1731	1
地貌类型	0.1639	2
有机质	0.1418	3
地形部位	0.1047	4
pH 值	0.0945	5

(续表)

评价指标	权重	排序
有效磷	0.0873	6
质地	0.0567	7
障碍层类型	0.0559	8
坡度	0.0534	9
速效钾	0.0371	10
有效锌	0.0314	11

权重较大指标有效积温、地貌类型、地形部位属于土壤本身属性的地理因素，自然产量差异占主要地位；障碍层类型、有机质、pH 值、有效土层厚度值为土壤固有属性与人为耕作活动密切相关，是影响耕地质量、土地综合生产能力的重要因素；有效磷、速效钾、有效锌属于土壤化学性状，受施肥、种植作物种类以及气象自然因素影响较大，同时，也是人为可控因素，因此，指标权重较低。

六、耕地地力评价

耕地地力评价层次分析，见图 2 – 33 至图 2 – 35。

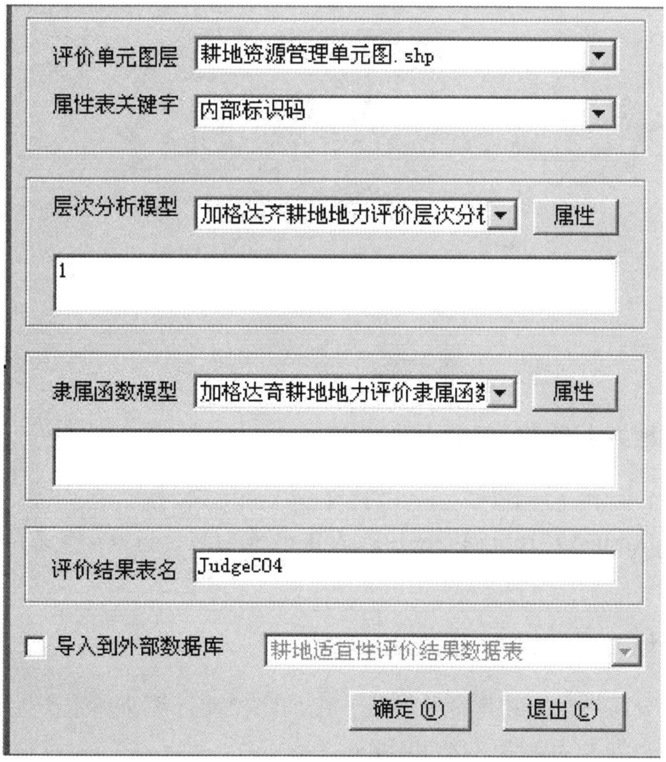

图 2 – 33 层次分析

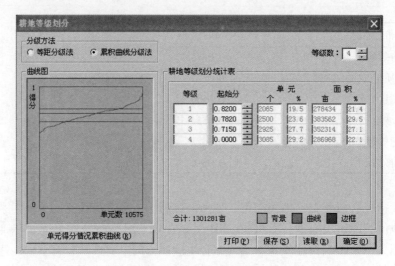

图 2 - 34　层次分析结果

图 2 - 35　耕地地力分级

七、计算耕地地力生产性能综合指数（IFI)

$$IFI = \sum Fi \times Ci ; \ (i = 1, 2, 3 \cdots)$$

式中：IFI（Integrated Fertility Index）代表耕地地力数；Fi = 第 i 各因素评语；Ci—第 i 各因素的组合权重。

八、确定耕地地力综合指数分级方案

采取累积曲线分级法划分耕地地力等级，用加法模型计算耕地生产性能，综合岭南生态农业示范区耕地地力划分为 4 级（表 2 - 80）。

表2-80 土壤地力指数分级

地力分级	地力综合指数分级（IFI）
一级地	>0.8200
二级地	0.7820~0.8200
三级地	0.7150~0.7820
四级地	>0

九、归并农业部地力等级指标划分标准

耕地地力的另一种表达方式，即以产量表达耕地地力水平。农业部于1997年颁布了《全国耕地类型区耕地地力等级划分》农业行业标准，将全国耕地地力根据粮食单产水平划分为10个等级。在对岭南生态农业示范区耕地地力调查点的3年实际年平均产量调查数据分析，根据其对应的相关关系，将用自然要素评价的耕地地力等级分别归入相应的概念型产量表示的地力等级体系（表2-81）。

表2-81 耕地地力分级（国家级）　　（单位：kg/hm²、hm²）

地力分级	耕地面积	占耕地面积（%）	产量
六级	14 724.13	21.5	6 000~7 500
七级	38 575.9	56.21	4 500~6 000
八级	15 200.5	22.19	3 000~4 500

按照《全国耕地类型区耕地地力等级划分标准》进行归并，现有国家六级、七级、八级地，其中六级面积14 724.18hm²，占耕地面积21.5%，七级地38 575.9hm²，占耕地面积56.21%；七级地面积15 200.5hm²，占耕地面积22.19%。

十、地力评价结果验证

按照黑龙江省耕地地力评价规程要求，于2011年11月10日对地力评价结果进行了实地踏查验证，验证结果如下。

本次地力评价调查了耕地68 500.58hm²，评价结果一级地2 065个图斑，占图斑总数的19.5%；二级地22 500个图斑，占图斑总数的23.6%；三级地2 925个图斑，占图斑总数的27.7%；四级地3 085个图斑，占图斑总数的29.2%。

按照《耕地地力评价规程》要求，在不同地力等级图斑中随机选取几个图斑，按照图斑面积大小，每个图斑调查3~5个地块的实际产量，与评价结果的产量进行回归，大于等于85%地块产量相符即为合格，实际产量结果，如表2-82。

表2-82 地力评价结果实地验证　　（单位：kg/hm²）

地力等级	调查地块	1	2	3	4	5	6	7	8	9	10
一级	评价结果	≥6 000	≥6 000	≥6 000	≥6 000	≥6 000	≥6 000	≥6 000	≥6 000	≥6 000	≥6 000
	实地验证	6 132	6 201	6 037	6 461	6 115	5 978	7 135	6 735	6 321	6 221

（续表）

地力等级	调查地块	1	2	3	4	5	6	7	8	9	10
二级	评价结果	5 500 ~ 6 000	5 500 ~ 6 000	5 500 ~ 6000	5 500 ~ 6 000	5 500 ~ 6 000	5 500 ~ 6 000	5 500 ~ 6 000	5 500 ~ 6 000	5 500 ~ 6 000	5 500 ~ 6 000
	实地验证	5 731	5 694	5 983	6 021	5 843	5 578	5 665	5 757	5 873	5 632
三级	评价结果	4 500 ~ 5 500	4 500 ~ 5 500	4 500 ~ 5 500	4 500 ~ 5 500	4 500 ~ 5 500	4 500 ~ 5 500	4 500 ~ 5 500	4 500 ~ 5 500	4 500 ~ 5 500	4 500 ~ 5 500
	实地验证	4 876	5 014	5 436	5 215	4 784	4 894	4 973	4 742	4 673	4 527
四级	评价结果	3 000 ~ 4 500	3 000 ~ 4 500	3 000 ~ 4 500	3 000 ~ 4 500	3 000 ~ 4 500	3 000 ~ 4 500	3 000 ~ 4 500	3 000 ~ 4 500	3 000 ~ 4 500	3 000 ~ 4 500
	实地验证	3 983	4 057	4 432	4 374	3 857	3 956	4 489	4 400	3 963	4 610

第三节　耕地土壤分类

一、岭南生态农业示范区耕地土壤分类系统

本次耕地地力评价统一了土壤分类系统。区域内耕地土壤类型主要有4个土类，即暗棕壤、黑土、草甸土、沼泽土，土类下分10个亚类。由于成土因素及成土过程的差异，各类土壤肥力特点和生产能力各不相同。通过几年的测土配方施肥及耕地地力调查，采集大量数据、查找有关土壤分类资料，对照土壤分类检索表，挖掘土壤刨面50多个，聘请专家，完善了岭南生态农业示范区四大土类的土属、土种初步分类工作。定位原土种35个，合并为省土种18个（表2-83）。

表2-83　耕地土壤分类明细

土类	亚类	土属	新土种	土壤质地	剖面构型	成土母质
暗棕壤	暗棕壤	亚暗矿质暗棕壤	亚暗矿质暗棕壤	沙壤土	A - B - D	残积物
		暗矿质暗棕壤	暗矿质暗棕壤	中壤土	A - B - C	残坡积物
		沙砾质暗棕壤	沙砾质暗棕壤	中壤土	A - B - C	残积物
	白浆化暗棕壤	亚暗矿质白浆化暗棕壤	亚暗矿质白浆化暗棕壤	重壤土	A - Aw - B - C	残坡积物
	草甸暗棕壤	亚暗矿质草甸暗棕壤	亚暗矿质草甸暗棕壤	重壤土	A - B - C	残坡积物
		麻沙质草甸暗棕壤	麻沙质草甸暗棕壤	重壤土	A - B - C	残坡积物
黑土	黑土	黄土质黑土	薄层黄土质黑土	重壤土	A - AB - B - C	坡积物
			中层黄土质黑土	重壤土	A - AB - B - C	黄土状物
		沙底黑土	中层沙底黑土	重壤土	A - AB - B - C	洪冲积物
	草甸黑土	黄土质草甸黑土	薄层黄土质草甸黑土	重壤土	A - AB - B - C	黄土状物
草甸土	草甸土	沙壤质草甸土	薄层沙壤质草甸土	重壤土	A - B - C	冲积物
		黏壤质草甸土	薄层黏壤质草甸土	重壤土	A - B - C	冲积物
		沙砾底草甸土	薄层沙砾底草甸土	重壤土	A - B - C	冲积物
	潜育草甸土	黏壤质潜育草甸土	薄层黏壤质潜育草甸土	轻黏土	A - Bg - Cg	冲积物
		沙砾底潜育草甸土	薄层沙砾底潜育草甸土	重壤土	A - Bg - Cg	冲积物

（续表）

土类	亚类	土属	新土种	土壤质地	剖面构型	成土母质
沼泽土	沼泽土	沙砾底沼泽土	薄层沙砾底沼泽土	重壤土	A – Bg – G	冲积物
	草甸沼泽土	黏质草甸沼泽土	薄层黏质草甸沼泽土	重壤土	A – Bg – G	冲积物
	泥炭沼泽土	泥炭腐殖质沼泽土	薄层泥炭腐殖质沼泽土	重壤土	A – Bg – G	冲积物

二、耕地土壤新旧土类检索

按照新的土壤分类系统，岭南生态农业示范区耕地土壤共分为 4 个土类：暗棕壤、黑土、草甸土、沼泽土（表 2 – 84）。

表 2 – 84　岭南生态农业示范区耕地土壤新旧土类对照

旧土类	暗棕壤	草甸土	沼泽土	黑土
新土类	暗棕壤	草甸土	沼泽土	黑土

三、岭南生态农业示范区耕地土壤新旧亚类检索

将原 11 个亚类合并为 10 个亚类，分别是暗棕壤、白浆化暗棕壤、草甸暗棕壤、黑土、草甸黑土、草甸土、浅育草甸土、沼泽土、草甸沼泽土、泥炭沼泽土（表 2 – 85）。

表 2 – 85　耕地土壤新旧亚类对照

原亚类	新亚类
暗棕壤	暗棕壤
粗骨土	
白浆化暗棕壤	白浆化暗棕壤
草甸暗棕壤	草甸暗棕壤
黑土	黑土
草甸黑土	草甸黑土
暗色草甸土	草甸土
潜育暗色草甸土	潜育草甸土
沼泽土	沼泽土
草甸沼泽土	草甸沼泽土
泥炭沼泽土	泥炭沼泽土

四、耕地土壤新旧土属检索

耕地土壤新旧土属检索，见表 2 – 86。

表 2-86　耕地土壤新旧土属对照

原土属	新土属
硅铝质粗骨土	亚暗矿质暗棕壤
酸性岩暗棕壤	
基性岩暗棕壤	暗矿质暗棕壤
沙砾岩暗棕壤	沙砾质暗棕壤
酸性岩白浆化暗棕壤	亚暗矿质白浆化暗棕壤
酸性岩草甸暗棕壤	亚暗矿质草甸暗棕壤
基性岩草甸暗棕壤	麻沙质草甸暗棕壤
坡积黄土状物黑土	黄土质黑土
洪冲积物黑土	沙底黑土
坡积黄土状物草甸黑土	黄土质草甸黑土
	沙壤质草甸土
壤质暗色草甸土	黏壤质草甸土
	沙砾底草甸土
	黏壤质潜育草甸土
壤质潜育色草甸	沙砾底潜育草甸土
沼泽土	沙砾底沼泽土
草甸沼泽土	黏质草甸沼泽土
腐泥沼泽土	泥炭腐殖质沼泽土

原 15 个土属修改为 17 个土属：亚暗矿质暗棕壤、暗矿质暗棕壤、沙砾质暗棕壤、亚暗矿质白浆化暗棕壤、亚暗矿质草甸暗棕壤、麻沙质草甸暗棕壤、黄土质黑土、沙底黑土、黄土质草甸黑土、沙壤质草甸土、黏壤质草甸土、沙砾底草甸土、黏壤质潜育草甸土、沙砾底潜育草甸土、沙砾底沼泽土、黏质草甸沼泽土、泥炭腐殖质沼泽土。

五、岭南生态农业示范区耕地土壤新旧土种检索

与全国第二次土壤普查的土壤分类系统对比有较大的变化是土种名称，原 34 个土种名称全部更新为全省统一的土种名称，共 18 个。其中，原土种有硅铝质粗骨土、薄体酸性岩暗棕壤、中体酸性岩暗棕壤、厚体酸性岩暗棕壤、薄体基性岩暗棕壤、中体基性岩暗棕壤、厚体基性岩暗棕壤、薄体沙砾岩暗棕壤、中体沙砾岩暗棕壤、厚体沙砾岩暗棕壤、浅位酸性岩白浆化暗棕壤、薄体酸性岩草甸暗棕壤、中体酸性岩草甸暗棕壤、厚体酸性岩草甸暗棕壤、中体基性岩草甸暗棕壤、薄层坡积黄土状物黑土、薄层黄土状物黑土、中层黄土状物黑土、中层洪冲积物黑土、薄层坡积黄土状物草甸黑土、薄层黄土状物草甸黑土、沙底壤质暗色草甸土、黏体壤质暗色草甸土、通体壤质暗色草甸土、沙体壤质暗色草甸土、卵体壤质暗色草甸土、黏体壤质潜育色草甸土、黏底壤质潜育色草甸土、通体壤质潜育色草甸土、卵底壤质潜育色草甸土、卵体壤质潜育色草甸土、沙底壤质潜育色草甸土、沼泽土、草甸沼泽土、腐泥沼泽土。新土种有亚暗矿质暗棕壤、暗矿质暗棕壤、沙砾质暗棕壤、亚暗矿质白浆化暗棕壤、亚暗矿质草甸暗棕壤、麻沙质草甸暗棕壤、薄层黄土质黑土、中层沙底黑土、中层沙底黑土、薄层黄土质草甸黑土、薄层沙壤质草甸土、薄层黏壤质草甸土、薄层沙砾底草甸土、薄层黏壤质潜育草甸土、薄层沙砾底潜育草甸土、薄层沙砾底沼泽土、薄层黏质草甸沼泽土、薄层泥炭腐殖质沼泽土（表2-87、表2-88）。

表2-87 新旧土种名称对照

原土种	新土种
硅铝质粗骨土	亚暗矿质暗棕壤
薄体酸性岩暗棕壤	亚暗矿质暗棕壤
中体酸性岩暗棕壤	亚暗矿质暗棕壤
厚体酸性岩暗棕壤	亚暗矿质暗棕壤
薄体基性岩暗棕壤	暗矿质暗棕壤
中体基性岩暗棕壤	暗矿质暗棕壤
厚体基性岩暗棕壤	暗矿质暗棕壤
薄体沙砾岩暗棕壤	沙砾质暗棕壤
中体沙砾岩暗棕壤	沙砾质暗棕壤
厚体沙砾岩暗棕壤	沙砾质暗棕壤
浅位酸性岩白浆化暗棕壤	亚暗矿质白浆化暗棕壤
薄体酸性岩草甸暗棕壤	亚暗矿质白浆化暗棕壤
中体酸性岩草甸暗棕壤	亚暗矿质草甸暗棕壤
厚体酸性岩草甸暗棕壤	亚暗矿质草甸暗棕壤
中体基性岩草甸暗棕壤	麻沙质草甸暗棕壤
薄层坡积黄土状物黑土	薄层黄土质黑土
薄层黄土状物黑土	薄层黄土质黑土
中层黄土状物黑土	中层黄土质黑土
中层洪冲积物黑土	中层沙底黑土
薄层坡积黄土状物草甸黑土	薄层黄土质草甸黑土
薄层黄土状物草甸黑土	薄层黄土质草甸黑土
沙底壤质暗色草甸土	薄层沙壤质草甸土
黏体壤质暗色草甸土	薄层黏壤质草甸土
通体壤质暗色草甸土	薄层黏壤质草甸土
沙体壤质暗色草甸土	薄层黏壤质草甸土

表2-88 新旧土种名称对照

原土种	新土种
卵体壤质暗色草甸土	薄层沙砾底草甸土
黏体壤质潜育色草甸土	薄层黏壤质潜育草甸土
黏底壤质潜育色草甸土	薄层黏壤质潜育草甸土

（续表）

原土种	新土种
通体壤质潜育色草甸土	薄层黏壤质潜育草甸土
卵底壤质潜育色草甸土	薄层沙砾底潜育草甸土
卵体壤质潜育色草甸土	薄层沙砾底潜育草甸土
沙底壤质潜育色草甸土	薄层沙砾底潜育草甸土
沼泽土	薄层沙砾底沼泽土
草甸沼泽土	薄层黏质草甸沼泽土
腐泥沼泽土	薄层泥炭腐殖质沼泽土

第四节 耕地地力评价结果与分析

岭南生态农业示范区总面积187万 hm^2 ，耕地面积6.85万 hm^2 ，参与这次评价的耕地总面积6.85万 hm^2 。划分为4个等级，一级地14 724.18 hm^2 ，占耕地面积21.5%；二级地20 100.76 hm^2 ，占耕地面积29.34%；三级地18 475.14 hm^2 ，占耕地面积26.97%；四级地15 200.5 hm^2 ，占耕地面积22.19%；一级地属高产田土壤，二级、三级为中产田土壤，四级为低产田土壤。

按照《全国耕地类型区耕地地力等级划分标准》进行归并，现有国家六级、七级、八级地，其中六级面积14 724.18 hm^2 ，占耕地面积21.5%，七级地38 575.9 hm^2 ，占耕地面积56.21%；七级地面积15 200.5 hm^2 ，占耕地面积22.19%（表2-89）。

表2-89 耕地地力分级统计 （单位： hm^2 、 kg/hm^2 ）

地力分级	耕地面积	占耕地面积（%）	产量
一级	14 724.18	21.5	≥6 000
二级	20 100.76	29.34	5 500~6 000
三级	18 475.14	26.97	4 500~5 500
四级	15 200.5	22.19	3 000~4 500

归并农业部地力等级指标划分标准，农业部于1997年颁布了《全国耕地类型区、耕地地力等级划分》农业行业标准。该标准根据粮食单产水平将全国耕地地力划分为10个等级。以产量表达的耕地生产能力，年单产大于13 500 kg/hm^2 为一等地；小于1 500 kg/hm^2 为十等地，每1 500 kg 为一个等级，详见表2-90。

表2-90 全国耕地类型区、耕地地力等级划分 （单位： kg/hm^2 ）

地力等级	谷类作物产量
1	>13 500

（续表）

地力等级	谷类作物产量
2	12 000 ~ 13 500
3	10 500 ~ 12 000
4	9 000 ~ 10 500
5	7 500 ~ 10 500
6	6 000 ~ 7 500
7	4 500 ~ 6 000
8	3 000 ~ 4 500
9	1 500 ~ 3 000
10	< 1 500

耕地地力综合指数转换为概念型产量。

每一个地力等级内随机选取10%的管理单元，调查近3年实际的年平均产量，经济作物统一折算为谷类作物产量，折算标准为：大豆产量折算玉米产量是（大豆单产×3.5）归入国家等级，详见表2-91。

表2-91 耕地地力（国家级）分级统计 （单位：hm²、kg/hm²）

地力分级	耕地面积	占耕地面积（%）	产量
六级	14 724.18	21.5	6 000 ~ 7 500
七级	38 575.9	56.21	4 500 ~ 6 000
八级	15 200.5	22.19	3 000 ~ 4 500

从地力等级的分布特征来看，等级的高低与地形部位、土壤类型密切相关。高中产土壤主要集中在第五集温带的平岗地及平坦的冲积平原上，行政区域主要包括古里河管理区、中兴管理区、沿江管理区，低产土壤则主要分布在北大子杨山管理区、甘多管理区、白因河管理区的山坡地及低洼冷凉地带（表2-92）。

表2-92 各管理区地力等级面积统计 （单位：hm²）

管理区	总面积	一级地	二级地	三级地	四级地
白音河管理区	7 559.75	1 251.92	2 834.56	1 976.05	1 497.22
甘多管理区	6 985.27	408.91	704.53	3 030.26	2 841.57
大子杨山管理区	11 406.8	886.49	2 363.95	3 011.9	5 144.46
中兴管理区	11 186.85	2 072.35	6 206.41	2 687.96	220.13
古里河管理区	19 302.24	8 146.39	5 189.22	3 564.68	2 402
沿江管理区	12 059.62	1 958.12	2 802.09	4 204.29	3 095.12
合计	68 500.58	14 724.18	20 100.76	18 475.14	15 200.5

一、一级地

全区一级地总面积 14 724.18hm²，占耕地总面积的 21.5%，主要分布在古里河管理区、沿江管理区和中兴管理区。其中，古里河管理区面积最大，为 8 146.39hm²，占一级地总面积的 55.33%；其次是中兴管理区，一级地面积为 2 072.35hm²，占一级地总面积的 14.07%。土壤类型主要以草甸土、黑土为主，其中，黑土面积最大为 10 648.17hm²，占一级地总面积的 72.32%。草甸土面积 3 121.77hm²，占一级地面积的 25.28%（表 2-93 至表 2-95，图 2-36）。

表 2-93　一级地土壤分布面积统计　　　　　　　　　（单位：hm²）

土壤类型	耕地面积	一级地面积	占一级地面积（%）	占本土类土壤面积（%）
暗棕壤	30 299.75	354.19	2.41	1.17
黑土	17 679.24	10 648.22	72.32	60.23
沼泽土	13 473.19	0	0	0.00
草甸土	7 048.35	3 721.77	25.28	52.80

表 2-94　一级地行政分布面积统计　　　　　　　　　（单位：hm²）

乡镇	土壤面积	一级地面积	占一级地面积（%）	占管理区土壤面积（%）
白音河管理区	7 559.75	1 251.92	8.50	16.56
甘多管理区	6 985.27	408.91	2.78	5.85
大子杨山管理区	11 406.8	886.49	6.02	7.77
中兴管理区	11 186.85	2 072.35	14.07	18.52
古里河管理区	19 302.24	8 146.39	55.33	42.20
沿江管理区	12 059.62	1 958.12	13.30	16.24

表 2-95　一级地土种分布面积统计　　　　　　　　　（单位：hm²）

省土种名称	土壤面积	一级地面积	占本土种面积（%）	占一级地面积（%）
亚暗矿质暗棕壤	12 559.77	0.00	0.00	0.00
薄层黄土质黑土	14 337.23	10 066.58	70.21	68.37
薄层黏质草甸沼泽土	12 531.65	0.00	0.00	0.00
暗矿质暗棕壤	17 413.07	318.00	1.83	2.16
薄层沙砾底潜育草甸土	4 416.49	1 578.01	35.73	10.72
薄层黄土质草甸黑土	2 045.43	119.74	5.85	0.81
薄层沙砾底沼泽土	804.82	0.00	0.00	0.00
薄层黏壤质潜育草甸土	1 943.53	1 528.64	78.65	10.38
薄层黏壤质草甸土	587.17	548.59	93.43	3.73
薄层沙壤质草甸土	32.19	10.35	32.15	0.07
薄层泥炭腐殖质沼泽土	136.72	0.00	0.00	0.00

（续表）

省土种名称	土壤面积	一级地面积	占本土种面积（%）	占一级地面积（%）
中层沙底黑土	197.56	146.45	74.13	0.99
薄层沙砾底草甸土	68.97	56.18	81.46	0.38
亚暗矿质草甸暗棕壤	134.76	36.19	26.86	0.25
中层黄土质黑土	1 099.02	315.45	28.70	2.14
沙砾质暗棕壤	29.76	0.00	0.00	0.00
亚暗矿质白浆化暗棕壤	159.97	0.00	0.00	0.00
麻沙质草甸暗棕壤	2.42	0.00	0.00	0.00
合计	6 850.53	14 724.18	21.49	100.00

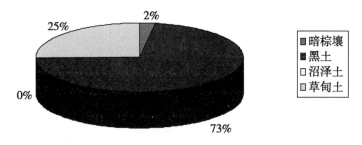

图 2-36 各管理区土壤占一级地面积比例示意

一级地所处地形平缓，主要分布在河谷阶地，河谷谷地，低岗平地，没有侵蚀和障碍因素。土层深厚，绝大多数在 20cm 以上，深的可达 30cm 以上。结构较好，多为粒状或小团块状结构。质地适宜，一般为中壤、重壤、轻黏土。容重适中，平均为 1.16g/cm³。土壤大都偏酸性，只有少部分呈微酸性，pH 值在 4.8~7.0 壤有机质含量高，平均为 67.4g/kg。养分丰富，全氮平均 3.46g/kg，碱解氮平均 275.8mg/kg，有效磷平均 76.66mg/kg，速效钾平均 322.12mg/kg。保肥性能好。抗旱、排涝能力强。该级地属高肥广适应性土壤，适于种植大豆、杂粮等高产作物，产量水平较高，一般在 2 500g/hm² 左右。归属于国家六级地产量折合成玉米产量为 6 000~7 500kg/hm²（表 2-96）。

表 2-96 一级地耕地土壤理化性状统计

项目	暗棕壤	黑土	沼泽土	草甸土
pH	6.21	6.08		5.90
有机质	75.72	72.62		67.41
有效磷	91.91	78.71		68.37
速效钾	321.31	321.41		323.63
有效锌	2.01	1.86		2.05
全氮	3.26	3.63		3.50
全磷	0.70	0.76		0.82
全钾	11.87	11.70		10.23

（续表）

项目	暗棕壤	黑土	沼泽土	草甸土
有效锰	42.84	43.70		45.53
有效铁	77.21	76.40		71.17
有效氮	268.80	271.37		287.17
有效铜	0.93	0.88		0.87

二、二级地

全区二级地总面积 20 100.76hm²，占基本土壤面积的 29.34%。主要分布在古里河管理区、中兴管理区、白音河管理区、沿江管理区。其中，中兴管理区面积最大，为 6 206.41 hm²，二级地总面积的 30.88%；古里河管理区 5 189.22hm²，占二级地总面积的 25.81%；白音河管理区 2 834.56hm²，二级地总面积的 14.10%。土壤类型主要为暗棕壤、黑土等，其中暗棕壤面积最大，为 13 364.95hm²，占二级地总面积的 66.49%。黑土面积 5 454hm²，占二级地总面积 27.13%。草甸土面积 835.64hm²，占二级地面积的 4.16%。沼泽土面积 446.12hm²，占二级地面积的 2.22%（表 2 - 97 至表 2 - 99，图 2 - 37）。

表 2 - 97　二级地土壤分布面积统计　　　　　　　　　　（单位：hm²）

土壤类型	土壤总面积	二级地面积	占二级地面积（%）	占本土类土壤面积（%）
暗棕壤	30 299.75	13 364.95	66.49	44.11
黑土	17 679.24	5 454	27.13	30.85
沼泽土	13 473.19	446.12	2.22	3.311
草甸土	7 048.35	835.69	4.16	11.86

表 2 - 98　二级地分布面积统计　　　　　　　　　　（单位：hm²）

管理区	土壤面积	二级地面积	占二级地面积（%）	占管理区土壤面积（%）
白音河管理区	7 559.75	2 834.56	14.10	37.50
甘多管理区	6 985.27	704.53	3.50	10.09
大子杨山管理区	11 406.8	2 363.95	11.76	20.72
中兴管理区	11 186.85	6 206.41	30.88	55.48
古里河管理区	19 302.24	5 189.22	25.82	26.88
沿江管理区	12 059.62	2 802.09	13.94	23.24

表 2 - 99　二级地土种分布面积统计　　　　　　　　　　（单位：hm²）

省土种名称	土壤面积	二级地面积	占本土种面积（%）	占二级地面积（%）
亚暗矿质暗棕壤	12 559.77	1 883.51	0.07	9.37
薄层黄土质黑土	14 337.23	3 018.05	0.10	15.01

（续表）

省土种名称	土壤面积	二级地面积	占本土种面积（%）	占二级地面积（%）
薄层黏质草甸沼泽土	12 531.65	446.12	0.02	2.22
暗矿质暗棕壤	17 413.07	11 399.76	0.33	56.71
薄层沙砾底潜育草甸土	4 416.49	355.06	0.04	1.77
薄层黄土质草甸黑土	2 045.43	1 601.27	0.39	7.97
薄层沙砾底沼泽土	804.82	0	0.00	0.00
薄层黏壤质潜育草甸土	1 943.53	414.89	0.11	2.06
薄层黏壤质草甸土	587.17	38.58	0.03	0.19
薄层沙壤质草甸土	32.19	14.37	0.22	0.07
薄层泥炭腐殖质沼泽土	136.72	0	0.00	0.00
中层沙底黑土	197.56	51.11	0.13	0.25
薄层沙砾底草甸土	68.97	12.79	0.09	0.06
亚暗矿质草甸暗棕壤	134.76	81.68	0.30	0.41
中层黄土质黑土	1 099.02	783.57	0.35	3.90
沙砾质暗棕壤	29.76	0	0.00	0.00
亚暗矿质白浆化暗棕壤	159.97	0	0.00	0.00
麻沙质草甸暗棕壤	2.42	0	0.00	0.00
合计	68 500.53	20 100.76	29.34	100.00

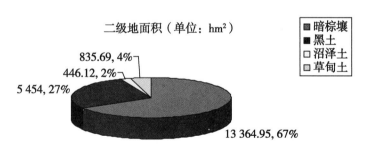

图 2-37　各类土壤占二级地面积比例示意

　　二级地主要分布在平坦的漫岗平原上，所处地形也较为平缓，坡度一般在5°以内，绝大部分耕地没有侵蚀或者侵蚀较轻，基本上无障碍因素，土层较深厚，一般大于20cm。结构也较好，多为粒状或小团块状结构。质地较适宜，一般为重壤土或沙质黏壤土。土壤容重基本适中，平均为1.16g/cm³。土壤偏酸，少数呈弱酸性 pH 值在 5.0～6.6 范围内。土壤有机质含量高，平均 71.13.6%。养分含量丰富，全氮平均 3.58g/kg，碱解氮平均 283.91mg/kg，有效磷平均 74.97mg/kg，速效钾平均 320.14mg/kg。保肥性能较好，抗旱、排涝能力也很强。该级地亦属高肥适应性土壤，适于种植大豆、玉米等各种作物，产量水平较高，一般在 2 000～2 300kg/hm²，归属于国家七级地产量折合成玉米产量为 6 000kg/hm² 左右（表 2-100）。

表2-100　二级地耕地土壤理化性状统计　　　　（单位：mg/kg、g/kg）

项目	暗棕壤	黑土	沼泽土	草甸土
pH 值	6.10	5.96	6.38	5.73
有机质	65.88	74.74	74.22	72.07
有效磷	86.11	78.44	98.33	37.00
速效钾	340.00	293.10	357.98	289.46
有效锌	1.61	1.52	2.04	1.53
全氮	3.59	3.79	3.50	3.44
全磷	0.72	0.75	0.86	0.93
全钾	12.06	10.38	11.24	9.46
有效锰	40.95	43.12	47.81	47.23
有效铁	75.13	71.79	74.53	68.31
有效氮	274.68	300.76	292.76	267.44
有效铜	0.83	0.80	0.82	0.94

三、三级地

全区三级地总面积18 475.14hm²，占耕地总面积26.97%。主要分布在沿江管理区、古里河管理区、甘多管理区等地。其中沿江管理区面积最大，为4 204.29hm²，占三级地总面积的22.7%；其次为古里河管理区，面积为2 564.68hm²，占三级地总面积的19.29%；甘多管理区面积3 030.16hm²，占三级地总面积的16.40%。土壤类型主要为暗棕壤和沼泽土，暗棕壤面积最大，为12 304.37hm²，占总面积的66.60%；沼泽土面积4 608.09hm²，占总面积的24.94%（表2-101至表2-103，图2-38）。

表2-101　三级地土壤分布面积统计　　　　（单位：hm²）

土壤类型	总土壤面积	三级地面积	占三级地面积（%）	占本土类土壤面积（%）
暗棕壤	30 299.75	12 304.37	66.60	40.61
黑土	17 679.24	1 473.76	7.98	8.34
沼泽土	13 473.19	4 608.09	24.94	34.20
草甸土	7 048.35	88.92	0.48	1.26

表2-102　三级地分布面积统计　　　　（单位：hm²）

管理区	土壤面积	三级地面积	占三级地面积（%）	占管理区土壤面积（%）
白音河管理区	7 559.75	1 976.05	10.70	26.14
甘多管理区	6 985.27	3 030.26	16.40	43.38
大子杨山管理区	11 406.8	3 011.9	16.30	26.40
中兴管理区	11 186.85	2 687.96	14.55	24.03
古里河管理区	19 302.24	3 564.68	19.29	18.47
沿江管理区	12 059.62	4 204.29	22.76	34.86

表 2 - 103　三级地土种分布面积统计　　　　　　（单位：hm²）

省土种名称	土壤面积	三级地面积	占本土种面积（%）	占三级地面积（%）
亚暗矿质暗棕壤	12 559.77	8 489.39	67.59	45.95
薄层黄土质黑土	14 337.23	1 149.34	8.02	6.22
薄层黏质草甸沼泽土	12 531.65	4 320.8	34.48	23.39
暗矿质暗棕壤	17 413.07	3 661.02	21.02	19.82
薄层沙砾底潜育草甸土	4 416.49	81.45	1.84	0.44
薄层黄土质草甸黑土	2 045.43	324.42	15.86	1.76
薄层沙砾底沼泽土	804.82	215.98	26.84	1.17
薄层黏壤质潜育草甸土	1 943.53	0	0.00	0.00
薄层黏壤质草甸土	587.17	0	0.00	0.00
薄层沙壤质草甸土	32.19	7.47	23.21	0.04
薄层泥炭腐殖质沼泽土	136.72	71.31	52.16	0.39
中层沙底黑土	197.56	0	0.00	0.00
薄层沙砾底草甸土	68.97	0	0.00	0.00
亚暗矿质草甸暗棕壤	134.76	0	0.00	0.00
中层黄土质黑土	1 099.02	0	0.00	0.00
沙砾质暗棕壤	29.76	0	0.00	0.00
亚暗矿质白浆化暗棕壤	159.97	153.96	96.24	0.83
麻沙质草甸暗棕壤	2.42	0	0.00	0.00
合计	68 500.53	18 475.14	26.97	100.00

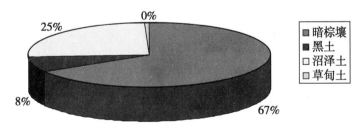

图 2 - 38　各类土壤占三级地面积比例示意

　　三级地大都处在漫岗的顶部以及低阶平原上，所处地形相对平缓，坡度绝大部分小于8°。部分土壤有轻度侵蚀，个别土壤存在瘠薄等障碍因素。土层厚度不一，厚的在 20cm 以上，薄的不足 15cm。结构较一级、二级地稍差一些，但基本为粒状或团粒状结构。质地一般，以中黏土为主。容重基本适中，平均为 1.13g/cm³，土壤呈弱酸性，pH 值在 5.0～6.7范围内。土壤有机质含量也较高，平均 70.25g/kg。养分含量较为丰富，全氮平均 3.70g/kg，碱解氮平均 287.20mg/kg，有效磷平均 67.09mg/kg，速效钾平均 352.22mg/kg，保肥性能较好，抗旱、排涝能力相对较强。该级地属中肥力中适应性土壤，基本适于种植各种作物，产量水平一般在 1 850～2 000kg/hm²。归属于国家七级地产量折合成玉米产量为5 250～6 000kg/hm²（表 2 - 104）。

表 2 - 104　三级地耕地土壤理化性状统计　　　（单位：mg/kg、g/kg）

项目	暗棕壤	黑土	沼泽土	草甸土
pH 值	5.89	5.80	6.08	6.07
有机质	69.51	76.69	70.16	64.64
有效磷	70.51	44.76	78.20	74.90
速效钾	296.72	310.94	316.01	377.22
有效锌	1.75	1.40	1.64	1.73
全氮	3.60	3.90	3.72	3.57
全磷	0.82	0.88	0.73	0.82
全钾	10.15	11.85	10.80	11.62
有效锰	44.85	44.11	41.98	34.04
有效铁	75.37	74.08	76.04	75.75
有效氮	286.39	307.61	283.64	271.17
有效铜	0.76	0.85	0.76	0.85

四、四级地

全区四级地总面积 15 200.5hm²，占基本土壤总面积的 22.19%。主要分布在大子杨山管理区、甘多管理区和沿江管理区，其中，大子杨山管理区面积最大，为 5 244.46hm²，占四级地总面积的 33.84%；其次是沿江管理区，面积为 3 095.12hm²，占四级地总面积的 20.36%；甘多管理区四级地面积为 2 841.57hm²，占四级地总面积的 18.69%。

土壤类型主要为沼泽土、暗棕壤、草甸土，其中，沼泽土面积最大，为 8 418.98hm²，占总面积的 55.39%，其次暗棕壤面积为 4 276.24hm²，占总面积 28.13%，再次是草甸土，面积 2 401.96hm²，占全区四级地面积 15.80%（表 2 - 105 至表 2 - 107，图 2 - 39）。

表 2 - 105　四级地土壤分布面积统计　　　　　　　　（单位：hm²）

土壤类型	总耕地面积	四级地面积	占四级地面积（%）	占本土类耕地面积（%）
暗棕壤	20 001.22	4 276.24	28.13	14.11
黑土	2 714.32	103.31	0.68	0.58
沼泽土	27 480.69	8 418.98	55.39	62.49
草甸土	10 341.82	2 401.97	15.80	34.08

表 2 - 106　四级地分布面积统计　　　　　　　　　　（单位：hm²）

管理区	土壤面积	四级地面积	占四级地面积（%）	占管理区土壤面积（%）
白音河管理区	7 559.75	1 497.22	9.85	19.81
甘多管理区	6 985.27	2 841.57	18.69	40.68
大子杨山管理区	11 406.8	5 144.46	33.84	45.10
中兴管理区	11 186.85	220.13	1.45	1.97

（续表）

管理区	土壤面积	四级地面积	占四级地面积（%）	占管理区土壤面积（%）
古里河管理区	19 302.24	2 402	15.80	12.44
沿江管理区	12 059.62	3 095.12	20.36	25.67

表 2-107　四级地土种分布面积统计　　　　　　（单位：hm²）

省土种名称	土壤面积	四级地面积	占本土种面积（%）	占四级地面积（%）
砾石质暗棕壤	10 177.47	950.36	17.41	14.39
沙砾质暗棕壤	1 566.11	128.46	0.72	0.68
泥沙质暗棕壤	614.01	161.34	61.96	51.08
壤质潜育暗棕壤	3 815.36	55.19	11.68	13.38
黄土质草甸暗棕壤	946.69	250.95	54.39	15.80
砾沙质草甸暗棕壤	2 881.58	939.84	0.00	0.00
薄层砾底草甸土	330.06	0.00	73.16	3.87
中层砾底草甸土	890.32	0.00	0.00	0.00
薄层黏壤质草甸土	1 741.05	16.31	0.00	0.00
中层黏壤质草甸土	0.53	0.00	0.00	0.00
薄层沙砾底草甸土	20 438.10	2 373.23	47.84	0.43
中层沙砾底草甸土	752.35	25.67	0.00	0.00
薄层沙砾底潜育草甸土	3 328.28	56.15	0.00	0.00
薄层黏质草甸沼泽土	872.16	52.49	12.53	0.11
薄层沙底草甸沼泽土	9 208.46	2 698.12	0.00	0.00
薄层泥炭腐殖质沼泽土	7.27	0.00	100.00	0.20
薄层泥炭沼泽土	253.93	23.49	3.76	0.04
薄层沙底草甸黑土	2 714.32	683.45	100.00	0.02
合计	60 538.05	8 415.05		100.00

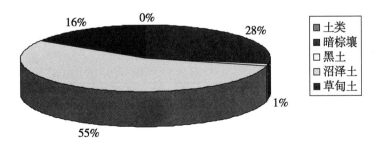

图 2-39　各类土壤占四级地面积比例示意

　　四级地大都处在低山岗坡地和低平原上或高平原上的岗顶上，坡度大部分在10°左右，有的达到中度的土壤侵蚀。土层厚度基本在10~20cm，土壤多为块状结构，质地为重壤土至轻黏土，土壤容重平均为1.08g/cm³。土壤呈弱酸，pH值在4.7~6.4范围内。土壤有机质含量也较高，平均 60.16g/kg。养分含量中等，全氮平均 3.63g/kg，碱解氮平均 299.08mg/kg，有效磷平均 49.44mg/kg，速效钾平均 278.99mg/kg，低坡地和低平原上的保肥性能较差，土壤的蓄水和抗旱、排涝能力中等偏下。该级地亦属中低适应性土壤，适于种植除大豆以外的多种作物（表2-108）。

表2-108 四级地耕地土壤理化性状统计 （单位：mg/kg、g/kg）

项目	暗棕壤	黑土	沼泽土	草甸土
pH 值	5.79	5.60	5.89	5.95
有机质	70.63	32.47	71.42	65.87
有效磷	53.31	21.48	66.50	56.46
速效钾	277.50	202.10	300.31	336.06
有效锌	1.48	0.62	1.66	1.77
全氮	3.66	3.69	3.62	3.56
全磷	0.81	0.99	0.81	0.85
全钾	10.18	13.63	9.92	10.57
有效锰	42.77	46.20	44.81	43.42
有效铁	72.60	100.58	74.72	73.78
有效氮	293.22	355.39	286.01	261.70
有效铜	0.73	0.63	0.81	0.84

五、土壤属性

土壤属性，见表2-109至2-115。

表2-109 各管理区 pH 最大值、最小值

管理区	最大值	最小值	个数
白音河管理区	7.97	5.17	3 182
甘多管理区	7.18	5.05	1 320
大子杨山管理区	7.68	5.03	1 346
中兴管理区	7.10	5.11	1 473
古里河管理区	7.45	5.27	1 960
沿江管理区	6.44	4.82	1 294

表2-110 各管理区全氮平均值、最大值、最小值 （单位：g/kg）

管理区	平均值	最大值	最小值	个数
白音河管理区	3.67	5.43	1.64	3 182
甘多管理区	3.25	5.45	1.61	1 320
大子杨山管理区	3.76	5.37	2.04	1 346

（续表）

管理区	平均值	最大值	最小值	个数
中兴管理区	3.52	5.14	1.72	1 473
古里河管理区	3.68	5.46	1.63	1 960
沿江管理区	3.81	5.37	1.69	1 294

表 2-111　各管理区速效钾平均值、最大值、最小值 （单位：mg/kg）

管理区	平均值	最大值	最小值	个数
白音河管理区	253.38	347.00	86.00	3 182
甘多管理区	220.68	339.00	78.00	1 320
大子杨山管理区	254.10	339.00	117.00	1 346
中兴管理区	258.14	350.00	0.00	1 473
古里河管理区	246.74	346.00	84.00	1 960
沿江管理区	225.03	348.00	33.00	1 294

表 2-112　各管理区碱解氮平均值、最大值、最小值 （单位：mg/kg）

管理区	平均值	最大值	最小值	个数
白音河管理区	270.17	493.92	68.60	3 182
甘多管理区	267.14	650.64	96.04	1 320
大子杨山管理区	295.59	493.92	89.18	1 346
中兴管理区	315.05	483.10	68.78	1 473
古里河管理区	250.85	480.20	68.71	1 960
沿江管理区	324.40	493.92	150.92	1 294

表 2-113　各管理区有效锰平均值、最大值、最小值 （单位：mg/kg）

管理区	平均值	最大值	最小值	个数
白音河管理区	42.00	92.42	18.20	3 182
甘多管理区	45.33	126.53	8.83	1 320
大子杨山管理区	39.27	79.75	9.32	1 346
中兴管理区	44.56	137.16	8.97	1 473
古里河管理区	44.31	107.54	8.95	1 960
沿江管理区	46.39	108.68	8.46	1 294

表 2-114　各管理区有效铜平均值、最大值、最小值 （单位：mg/kg）

管理区	平均值	最大值	最小值	个数
白音河管理区	0.87	1.94	0.14	3 182

（续表）

管理区	平均值	最大值	最小值	个数
甘多管理区	0.75	1.45	0.04	1 320
大子杨山管理区	0.79	1.47	0.12	1 346
中兴管理区	0.77	3.15	0.07	1 473
古里河管理区	0.88	2.57	0.24	1 960
沿江管理区	0.69	1.55	0.05	1 294

表 2 - 115　各管理区有效锌平均值、最大值、最小值　（单位：mg/kg）

管理区	平均值	最大值	最小值	个数
白音河管理区	1.72	11.48	0.17	3 182
甘多管理区	1.69	5.50	0.21	1 320
大子杨山管理区	1.55	5.67	0.33	1 346
中兴管理区	1.78	4.86	0.18	1 473
古里河管理区	1.84	7.15	0.33	1 960
沿江管理区	1.43	3.60	0.22	1 294

六、中低产田障碍因素及改良利用方向

按照中华人民共和国农业部中低产土壤划分标准，岭南生态农业示范区三级、四级耕地属于中低产耕地，其主要分布在沿江管理区、甘多管理区和大子杨山管理区的低山冈坡地和低平原上或高平原上的岗顶上，坡度大部分在 10°左右，面积 33 675.64 hm²，占耕地总面积的 45%。有的达到中度的土壤侵蚀，这一区域有效积温较低，一般在 1 800 ~ 1 900℃，较高产地块积温少 300℃。另外，这一区域耕地的坡度较大，水土流失严重，土壤有机质含量较低，一般在 30 ~ 50g/kg。三级、四级耕地以沼泽土和草甸土为主，土壤质地多为黏壤土。

该区地形坡度大、土层薄、温度最低，存在的主要问题是水土流失严重，应提高土壤抗蚀、抗旱、保水、保肥能力，注意用地、养地相结合，根据低产田土壤的主要特点，提出以下几点改良措施。

（一）改土施肥

增施有机肥，提高土壤有机质含量。可降低土壤容重，改善耕地土壤物理性质。暗棕壤一般地势较高，坡度较大，土层薄，水土流失较严重。应大量增施有机肥改土，或施用过圈的草木炭和有机肥混合，对改良土壤和培肥地方有明显效果，可用化肥和有机肥混施。

（二）精耕细作，深松施肥

精耕是保持耕层土壤结构，疏松土壤、改善心土层的通透性并逐步加深耕层厚度，为作物根系的生长创造条件。细作是采用合理轮作的办法，扩大伏、秋翻地面积。早春土壤过湿，可采用顶凌播种，防止破坏土壤结构。在精耕细作的同时，可进行深松，改造其白浆层的物理性质。同时，结合施肥尤其是增施磷肥，增产效果显著。

（三）加强农田基本建设，防止水土流失

为了防止水土流失的危害，要搞好农田基本建设，如开环山截流沟阻截山水侵蚀农田，不顺坡作垄、平整土地等工程措施，营造农田防护林，改善生态条件。

第六章　耕地地力评价与区域配方施肥

通过耕地地力评价，建立了较完善的土壤数据库，科学合理地划分了区域施肥单元，避免了过去人为划分施肥单元指导测土配方施肥的弊端。过去我们在测土施肥确定施肥单元，多是采用区域土壤类型、基础地力产量、农户常年施肥量等粗劣的为农民提供配方。这次地力评价是采用地理信息系统提供的多项评价指标，综合各种施肥因素和施肥参数来确定较精密的施肥单元。主要根据耕地质量评价情况，按照耕地所在地的养分状况、自然条件、生产条件及产量状况，结合多年的测土配方施肥肥效小区试验工作，按照不同地力等级情况确定主栽作物的施肥比例，同时，对施肥配方按照高产区和中低产区进行了细化，在大配方的基础上，制定了按土测值、目标产量及种植品种特性确定的精准施肥配方。共确定了 10 575 个施肥单元。综合评价了各施肥单元的地力水平，为精确科学地开展测土配方施肥工作提供依据。本次地力评价所确定的施肥分区，具有一定的针对性、精确性和科学性，完成了测土配方施肥技术从估测分析到精准实施的提升过程。

第一节　区域耕地施肥区划分

全区境内大豆产区，按产量、地形、地貌、土壤类型、大于 10℃ 的有效积温，可划分为 3 个测土施肥区域。

一、高产田施肥区

通过此次对耕地进行评价，将岭南生态农业示范区耕地划分为 4 个等级，一级地总面积 14 724.18hm²，占耕地总面积的 21.5%，主要分布在古里河管理区、沿江管理区和中兴管理区，其中，古里河管理区面积最大，为 8 146.39hm²，占一级地总面积的 55.33%；其次是中兴管理区，一级地面积为 2 072.35hm²，占一级地总面积的 14.07%，其他管理区也有零星分布。本区地形属于低山丘陵上部或平顶山漫岗上部，属于暗棕壤土类，土壤通透性良好，区内≥10℃积温平均值为 1 950～2 050℃，地温较高，土壤养分含量丰富。

二、中产田施肥区

二级、三级地是中产田施肥区，二级地主要分布在平坦的漫岗平原上，所处地形也较为平缓，坡度一般在 5° 以内，绝大部分耕地没有侵蚀或者侵蚀较轻，基本上无障碍因素，土层较深厚，一般大于 20cm。结构也较好，多为粒状或小团块状结构。质地较适宜，一般为重壤土或沙质黏壤土。土壤容重基本适中，平均为 1.16g/cm³。土壤偏酸，少数呈弱酸性 pH 值在 5.0～6.6 范围内。土壤有机质含量高，平均 71.13.6%。养分含量丰富，全氮平均

3.58g/kg，碱解氮平均 283.91mg/kg，有效磷平均 74.97mg/kg，速效钾平均值为 243.01mg/kg。保肥性能较好，抗旱、排涝能力也很强。该级地亦属高肥适应性土壤，适于种植大豆。中产田施肥区面积为 38 575.9hm²，占耕地总面积的 56.31%。

以上 2 个级别耕地属于中肥力土壤，适于种植大豆、小麦、杂粮等作物，产量水平较高，一般在 4 500～6 000kg/hm²。

三、低产田施肥区

全区四级地总面积 15 200.5hm²，是低产田施肥区，占耕地总面积的 22.19%。主要分布在大子杨山管理区、甘多管理区和沿江管理区，其中，大子杨山管理区面积最大，为 5 244.46hm²，占四级地总面积的 33.84%；其次是沿江管理区，面积为 3 095.12hm²，占四级地总面积的 20.36%；甘多管理区四级地面积为 2 841.57hm²，占四级地总面积的 18.69%；土壤类型主要为沼泽土、暗棕壤、草甸土，其中，沼泽土面积最大，为 8 418.98 hm²，占总面积的 55.39%，其次暗棕壤面积为 4 276.24hm²，占总面积 28.13%，再次是草甸土，面积 2 401.96hm²，占全区四级地面积 15.80%。

低产田施肥区大部分耕地受水蚀很重，≥10℃积温平均值为 1 800～19 500℃；耕层厚度平均21.0cm，受旱灾影响较大，土壤受风、水侵蚀很重，而且土壤呈酸性，保水保肥能力差。所以，四级地属于低肥力土壤，产量水平 3 000～4 500kg/hm²。

第二节　施肥分区施肥方案

一、施肥区土壤理化性状

根据以上 3 个施肥分区，统计各区理化性状，见表 2－116。

表 2－116　区域施肥区土壤理化性状统计 （单位：g/kg、mg/kg）

区域施肥区	有机质	碱解氮	有效磷	速效钾	pH 值
旱田高产田施肥区	71.9	288.78	61.66	270.11	6.1
旱田中产田施肥区	63.41	274.4	54.24	245.81	6.5
旱田低产田施肥区	59.24	234.6	49.4	224.3	6.3

高产田施肥区有效磷偏高、速效钾、碱解氮偏低，其他养分适中；中产田施肥区有效磷、速效钾偏低，其他养分适中；低产田施肥区有机质、有效磷、pH 值略低，速效钾偏低。

二、推荐施肥原则

通过以上各施肥区理化性状分析，得出各施肥区在增施有机肥基础上应遵循的原则是：高产田施肥区降氮、降磷、增钾；中产田施肥区稳氮、增磷、增钾；低产田施肥区增氮、略增磷、增钾。

三、施肥方案

(一) 分区施肥属性查询

这次耕地地力调查，共采集土样 975 个，确定的评价指标 10 个，在地力评价数据库中建立了耕地资源管理单元图、土壤养分分区图。形成了有相同属性的施肥管理单元 10 555 个，按着不同作物、不同地力等级产量指标和地块、农户综合生产条件可形成针对地域分区特点的区域施肥配方；针对农户特定生产条件的分户施肥配方。

(二) 施肥单元关联施肥分区代码

根据 3414 试验、配方肥对比试验、多年氮磷钾最佳施肥量试验建立起来的施肥参数体系和土壤养分丰缺指标体系，选择适合本县域特定施肥单元的测土施肥配方推荐方法（养分平衡法、丰缺指标法、氮磷钾比例法、以磷定氮法、目标产量法），计算不同级别施肥分区代码的推荐施肥量（N、P_2O_5、K_2O）高产田草甸土区施肥推荐方案，见表 2 – 117。

表 2 – 117　施肥分区代码与施肥推荐关联查询　　　　（单位：mg/kg、kg/hm²）

施肥分区代码	碱解氮含量	施肥量纯氮	施肥分区代码	有效磷含量	施肥量五氧化二磷	施肥分区代码	速效钾含量	施肥量氧化钾
1	>250	34.5	1	>60	45	1	>200	22.5
2	180～250	39	2	40～60	49.5	2	200～150	27
3	150～180	43.5	3	20～40	54	3	100～150	31.5
4	120～150	48	4	20～10	58.5	4	50～100	36
5	80～120	54	5	10～5	63	5	30～50	40.5
6	<80	58.5	6	<5	67.5	6	<30	45

第三节　施肥配方应用

这次地力评价，共确定了 10 575 个施肥单元，辐射全区各类土壤和各种作物，为测土农户施肥和区域配肥站配肥提供科学依据，也使岭南生态农业示范区真正实现测、配、供一条龙服务，为测土配方施肥技术进一步推广奠定坚实基础。

全区境内大豆产区，按产量、地形、地貌、土壤类型、≥10℃的有效积温、等划分的 3 个测土施肥区域理化性状，如表 2 – 118。

表 2 – 118　区域施肥区施肥推荐统计　　　　（单位：mg/kg、kg/hm²）

施肥区	碱解氮	级别	施肥量纯量	有效磷	级别	施肥量纯量	速效钾	级别	施肥量纯量
高产田	285.6	1	34.5	48.5	2	49.5	317.3	3	31.5
中产田	268.4	1	34.5	34.8	3	54	326.6	3	35
低产田	175.0	3	43.5	31.2	3	60.5	238.5	3	38.5

从表2－118看出高产田施肥分区代码为3－2－3，施肥推荐量为每公顷纯氮34.5 kg，五氧化二磷49.5kg，氧化钾31.5kg；中产田施肥分区代码为1－3－3，施肥推荐量为每公顷纯氮34.5kg，五氧化二磷54kg，氧化钾35kg；低产田施肥分区代码为3－3－3，施肥推荐量为每公顷纯氮43.5kg，五氧化二磷60.5kg，氧化钾38.5kg。

第三部分

大兴安岭地区岭南生态农业
示范区耕地地力评价专题报告

第一章 耕地地力调查与土壤 改良的主要途径

第一节 耕地地力调查方法及结果

一、耕地地力调查背景

岭南生态农业是大兴安岭地区重要粮食产区之一，农业开发十几年来，粮食产量持续增加，但是粮食产量的增加是以大量消耗耕地地力为代价换取的。农业生产成本的高投入造成农民增产不增收，农业增产对化肥的依赖很大。目前，耕地质量正在逐年下降，其主要原因是水土流失严重和多年不合理施用化肥，造成土壤有机质含量降低。另外，由于种植结构单一，重茬现象十分严重，加剧了耕地土壤养分的消耗。

由于人类不合理的开发利用，导致土壤出现了严重的质量退化，其生产能力已呈逐年下降趋势。目前，这种状况已引起全社会的关注，农业部在 2003 年开展全国耕地地力调查和质量评价工作，旨在通过开展土地耕地地力评价，并找出存在的问题和产生的原因，进而将采取强有力的措施，加强土地耕地质量建设，防止土壤进一步退化，恢复和提高土壤耕地的生产能力。

二、开展耕地地力调查必要性

当今世界，粮食安全问题一直是世界各国都高度重视的问题，中国作为拥有世界五分之一人口的发展中大国，这个问题就显得尤为突出，粮食安全一旦出了问题，不仅是中国的灾难，也是世界之灾难。目前，我国的粮食总产一直徘徊在 4 500 亿 kg 左右，据国内外研究预测，到 2030 年，中国的耕地将减少 1 000 万 hm^2，而人口将增加到 16 亿，粮食总需求将达到 6 400 亿 kg，很显然，中国未来的粮食安全面临着巨大的挑战。

粮食安全的保障不仅取决于耕地的数量，还决定于耕地土壤的质量。开展耕地地力评价，是加强耕地质量建设的实质性措施和关键性步骤。通过耕地地力评价，不但可以科学评估耕地的生产能力，发掘耕地的生产潜力，而且还能查清耕地的质量和存在的问题，对确定土壤的改良利用方向，消除土壤中的障碍因素，指导化肥的科学施用，防止耕地质量的进一步退化，具有重大的现实指导意义。

第二节　耕地地力评价方法

一、评价原则

这次岭南生态农业示范区耕地质量评价是完全按照全国耕地地力评价技术规程进行的。在工作中主要坚持了以下几个原则：一是统一的原则，即统一调查项目、统一调查方法、统一野外编号、统一调查表格、统一组织化验、统一进行评价；二是充分利用现有成果的原则，即以第二次土壤普查、土地利用现状调查、行政区划等已有的成果作为评价的基础资料；三是应用高新技术的原则，即在调查方法、数据采集及处理、成果表达等方面全部采用了高新技术。

二、调查内容

这次岭南生态农业示范区耕地地力调查的内容是根据当地政府的要求和生产实践的需求确定的，充分考虑了成果的实用性和公益性。主要有以下几个方面：一是耕地的立地条件。包括经纬度、海拔高度、地形地貌、成土母质、土壤侵蚀类型及侵蚀程度；二是土壤属性。包括耕层理化性状和耕层养分状况。具体有耕层厚度、质地、容重、pH值、有机质、全氮、有效磷、速效钾、有效锌、有效铜、有效锰、有效铁等；三是土壤障碍因素。包括障碍层类型及出现位置等；四是农田基础设施条件。包括抗旱能力、排涝能力和农田防护林网建设等；五是农业生产情况。包括良种应用、化肥施用、病虫害防治、轮作制度、耕翻深度、秸秆还田和灌溉保证率等。

三、评价方法

在收集岭南生态农业示范区有关耕地情况资料，并进行外业补充调查（包括土壤调查和农户的入户调查两部分）及室内化验分析的基础上，建立起岭南生态农业示范区耕地质量管理数据库，通过 GIS 系统平台，采用 ARCINFO 软件对调查的数据和图件进行数值化处理，最后利用扬州土肥站开发的《全国耕地地力评价软件系统 V3.2》进行耕地地力评价。

（一）建立空间数据库

将岭南生态农业示范区土壤图、行政区划图、土地利用现状图等基本图件扫描后，用屏幕数字化的方法进行数字化，即建成岭南生态农业示范区地力评价系统空间数据库。

（二）建立属性数据库

将收集、调查和分析化验的数据资料按照数据字典的要求规范整理后，输入数据库系统，即建成岭南生态农业示范区地力评价系统属性数据库。

（三）确定评价因子

根据全国耕地地力调查评价指标体系，经过专家采用经验法进行选取，将岭南生态农业示范区耕地地力评价因子确定为9个，包括土壤质地、有机质、缓效钾、有效锌、有效磷、速效钾、耕层厚度、地形部位、pH值。

（四）确定评价单元

把数字化后的岭南生态农业示范区土壤图、行政区划图和土地利用现状图 3 个图层进行叠加，形成的图斑即为岭南生态农业示范区耕地资源管理评价单元，共确定形成评价单元 10 575 个。

（五）确定指标权重

组织专家对所选定的各评价因子进行经验评估，确定指标权重。

（六）数据标准化

选用隶属函数法和专家经验法等数据标准化方法，对岭南生态农业示范区耕地评价指标进行数据标准化，并对定性数据进行数值化描述。

（七）计算综合地力指数

选用累加法计算每个评价单元的综合地力指数。

（八）划分地力等级

根据综合地力指数分布，确定分级方案，划分地力等级。

（九）归入全国耕地地力等级体系

依据《全国耕地类型区、耕地地力等级划分》（NY/T 309—1996），归纳整理各级耕地地力要素主要指标，结合专家经验，将岭南生态农业示范区各级耕地归入全国耕地地力等级体系。

（十）划分中低产田类型

依据《全国中低产田类型划分与改良技术规范》（NY/T 309—1996），分析评价单元耕地土壤主导障碍因素，划分并确定岭南生态农业示范区中低产田类型。

第三节 调查结果

岭南生态农业示范区耕地总面积 68 500.58hm²，这次地力评价将全区耕地土壤划分为 4 个等级，一级地总面积 14 724.18hm²，占耕地总面积的 21.5%，二级地总面积 20 100.76 hm²，占基本土壤面积的 29.34%，三级地总面积 18 475.14hm²，占耕地总面积 26.97%，四级地总面积 15 200.5hm²，占基本土壤总面积的 22.19%。一级地属高产田土壤，二级、三级为中产田土壤，四级为低产田土壤。按照《全国耕地类型区耕地地力等级划分标准》进行归并，全区现有国家六级、七级、八级地，其中，六级地 14 724.13hm²，占耕地总面积的 21.5%；七级地 38 575.9hm²，占耕地总面积的 56.21%；八级地 15 200.5hm²，占耕地总面积的 22.19%。从地力等级的分布特征来看，等级的高低与地形部位、土壤类型、有效积温密切相关。高中产分布于河谷阶地低山缓坡地、平地；低产土壤则主要分布于河谷谷地丘陵漫岗地（表 3 - 1）。

表 3 - 1　耕地地力分级面积统计 （单位：hm²）

	总面积	一级地	二级地	三级地	四级地
白音河管理区	7 559.75	1 251.92	2 834.56	1 976.05	1 497.22
甘多管理区	6 985.27	408.91	704.53	3 030.26	2 841.57

（续表）

	总面积	一级地	二级地	三级地	四级地
大子杨山管理区	11 406.8	886.49	2 363.95	3 011.9	5 144.46
中兴管理区	11 186.85	2 072.35	6 206.41	2 687.96	220.13
古里河管理区	19 302.29	8 146.44	5 189.22	3 564.68	2 402
沿江管理区	12 059.62	1 958.12	2 802.09	4 204.29	3 095.12
合计	68 500.58	14 724.18	20 100.76	18 475.14	15 200.5

第四节 耕地地力评价结果分析

一、耕地地力等级变化

这次耕地地力评价结果显示，岭南生态农业示范区耕地地力等级结构发生了较大的变化，高产田土壤增加，比例上升到21.5%；中产田土壤增加，比例56.31%；低产田土壤减少，比例下降到22.19%。

分析岭南生态农业示范区耕地地力等级结构变化的主要原因，是近些年兴修了一些农田水利工程，使部分风险地块变成了高产田，由于排水良好使部分低洼内涝地块的农田产量有了很大的提高以及大型农机具的使用，耕作措施的改善，人工增雨作业次数增加，生态农业的建设等，这些措施都为中低产田的改善提供了有利条件。

二、耕地土壤肥力状况

（一）土壤养分状况

据统计，岭南农业开发区有机质含量总的说来比较高，一级总面积为10 083.48hm²，占总面积的17.4%。土壤有机质含量为二级、三级的面积最大，全区各管理区均有分布，面积为36 532.04hm²，占全区土壤面积的56.25%，大子杨山管理区、古里河管理区面积最大，分布面积达29 273 hm²。土壤有机质含量为四级、五级的面积较小，四级面积为7 026.26hm²，占全区土壤面积的12.2%，五级面积为2 181.98hm²，占全区土壤面积的2.8%。机质六级地在岭南生态农业示范区没有分布。

全区土壤中的碱解氮的含量较高，为中等偏上水平，从碱解氮含量分级可见，大于250mg/kg为一级水平的面积为49 457.5hm²，占耕地总面积的72.2%，二级、三级面积为17 737.4hm²，占耕地总面积的25.9%，四级以下分布很少，总面积仅为1 305.8hm²，占耕地总面积的1.9%。

全区土壤有效磷的含量处于中上等水平，大于40mg/kg的面积也就是一级、二级的面积为62 966.2hm²，占耕地总面积的93.38%。小于20 mg/kg的面积也就是四级、五级、六级的面积，占耕地总面积的6.62%。速效钾含量很高，平均值为243.01 mg/kg，没有严重缺钾的耕地。

岭南生态农业示范区耕地土壤有效锌含量平均 1.69mg/kg，变化幅度在 0.17～11.48mg/kg。90% 耕地土壤有效锌含量在 1.00～3.00 mg/kg，按照新的土壤有效锌分级标准耕地有效锌含量为中等水平。

岭南示范区耕地有效铜含量平均值为 0.80mg/kg，变化幅度在 0.042～1.87mg/kg；调查样本大部分均大于 0.4 mg/kg 的临界值。根据第二次土壤普查有效铜的分级标准，<0.1mg/kg 为严重缺铜，0.1～0.2mg/kg 为轻度缺铜，0.2～1.0mg/kg 为基本不缺铜，1.0～1.8mg/kg 为丰铜，>1.8mg/kg 为极丰。调查的所有样本中全区各类土壤中铜含量适宜。

岭南示范区耕地有效铁平均为 74.66mg/kg，变化值在 19.49～155.28mg/kg。根据土壤有效铁的分级标准，土壤有效铁 <2.5mg/kg 为严重缺铁（很低）；2.5～4.5mg/kg 为轻度缺铁（低）；4.5～10mg/kg 为基本不缺铁（中等）；10～20 mg/kg 为丰铁（高）；>20mg/kg 为极丰（很高）。在调查样本中，大部分土壤有效铁含量均高于临界值 2.5 mg/kg，也高于丰铁最低值 10 mg/kg，说明岭南生态农业示范区耕地土壤有效铁属丰富级。

全区耕地有效锰平均值为 43.36mg/kg，变化幅度在 8.82～92.42mg/kg，根据土壤有效锰的分级标准，土壤有效锰的临界值为 5.0 mg/kg（严重缺锰，很低），大于 15 mg/kg 为丰富。调查样本中 92% 大于 15 mg/kg 丰富级，说明岭南示范区耕地土壤中有效锰属丰富级。

（二）土壤物理性状

这次耕地地力调查结果显示岭南生态农业示范区耕地容重平均为 1.11g/cm³，变化幅度在 1～1.32g/cm³。主要耕地土壤类型中，暗棕壤平均为 1.07g/cm³，草甸土平均为 1.08 g/cm³，沼泽土平均为 0.85 g/cm³，黑土平均为 1.12g/cm³。土类间黑土容重较高；沼泽土容重较小，这次耕地调查与二次土壤普查对比土壤容重无明显变化。岭南生态农业示范区耕地pH 值平均为 5.97，变化幅度在 4.7～7。其中，pH 值平均值在 6.0～7.0 较少，大部分在 5.0～6.0，很少部分在 4.0～5.0，土壤酸碱度多集中在 5.0～7.0。按照土壤类型分析看，土壤 pH 值变化幅度不大。大部分地区多分布着暗棕壤，pH 值平均为 6.0 变化幅度在 5.0～6.6；河谷谷地河谷阶地布着草甸土，pH 值平均为 5.23，变化幅度在 4.7～7.0。

三、障碍因素及其成因

（一）土壤干旱

调查结果表明，土壤干旱已成为当前限制农业生产的最主要障碍因素。岭南生态农业示范区属于北寒带大陆性季风气候，平均年降水量为 546.4mm，降水变率较大。最多年降水量为 660mm，最少年降水量为 383mm，其中，501 以上占 79%。季节和月份降水量分布极不平均。7 月、8 月降水量均衡，占全年 46%，6 至 9 月占全年 75%，1～3 月和 11 月、12 月仅占全年降水量的 8%，形成典型的夏季雨热同季，冬季干燥严寒的特征。全年日降水量≥0.1mm 的平均日数 114.3 天，≥10mm64.5 天，≥15mm13.1 天，≥25mm 的 2.8 天，≥50mm 的 0.2 天，各月最长连续降水日数达 14 天（其量达 145.6mm）。7—8 月降水集中；多以阵雨出现。秋季易形成东北冷涡锋天气过程，雨量大而集中，易引起江、河泛滥，极不利于秋收。各月最长连续无降水日数出现在冬季。全年降雪期从 9 月下旬至翌年 5 月，平均达 220 天。在 9 月下旬至 10 月中旬、4 月 1 日至 5 月上旬的降雪期中，为雪雨交错期，并在几日内融化，对塑料棚生产不利；10 月下旬至翌年 3 月末，达 170 天为冬雪的覆盖期。年最大雪深42cm。

地表水资源：岭南生态农业示范区境内地表水为嫩江水系，全区有名称河流105条，无名称河流56条，大小泡泽415个。地表水总面积19 233.33hm²，占全区总面积的1.34%。地表水资源主要靠降水补给，年均降水量在546mm，多年平均径流总量47.53亿m³；各种岩隙间的地下水量约在7.15亿m³。全区总水量有54.68亿m³，人均占有水量10万m³，远高于全省、全国人均占有水量。水资源利用率仅在1%～2%，与全国平均17.1%和全省综合8%～10%的利用水平比较相差很远。

地表水的主要补给来源以大气降水补给为主，地下水的主要补给来源以大气降水入渗、河道入渗、水库、湖泊渗入补给为主。

调查结果表明，现行的耕作制度也是造成土壤干旱的主要因素。由原来的大型整地机械，逐步被以小四轮拖拉机为主要动力进行灭茬、整地、施肥、播种、镇压及中耕作业的耕作制度所代替。由于小型拖拉机功率小，秋翻深度不够；灭茬时旋耕深度浅，作业幅度窄，仅限于垄台，难于涉及垄帮底处；整地、播种、施肥及耥地等田间作业也均很少能触动垄帮底处。长此下去，就形成了"波浪形"犁底层构造剖面。其主要特征是：耕层厚度较薄，一般仅为12～20cm；耕层有效土壤量少。造成了有限的降水利用率低下，从而导致土壤持续发生干旱。

（二）低洼地土壤过湿、易涝问题

低洼地土壤的危害，主要是土壤水分含量高，使土壤中的水、肥、气、热四性失调，满足不了作物各生育期对土壤养分的需要，加上涝害的浸渍使作物减产或造成绝产。

低洼地土壤质地黏重，一般为重壤土至轻黏土，持水能力强，透水性低，通气孔隙只在10%～20%，土壤空气数量少，小麦要求的土壤最小通气孔隙为10%～15%，有时满足不了作物对土壤空气的要求。土壤在通气不良的条件下，易产生乙醇，硫化氢等对作物有毒、有害物质。土壤水分多，地下水位高，土壤的热容量大增温就慢；早春地温不易回升，土壤冷浆，化冻慢，通气不良，播后易粉种。不利土壤微生物的活动，土壤有机质分解得缓慢。尽管土壤养分含量高，但有效养分含量低。为此造成低洼地土壤水、肥、气、热水性不协调，肥力降低，造成作物减产。特别是季节性海水泛滥淹没土壤时，会造成作物绝产。

低洼地土壤物理性质差，宜耕期短，耕性不良。由于低地土壤过湿质地黏重，土粒黏结性强，所以，增加了土壤的耕作阻力，土干时耕翻易起伐块或土坷垃，湿时耕翻易起明条，造成易耕期缩短，耕作质量差。根据县农科所在三道镇的调查，土壤含水量在17%～22%为宜耕期，大于27%时，不宜耕作耙耱。低洼地土壤水分每年有两个高峰，一个是土壤化冻返浆期，这个时期由于冻层化冻慢，浆煞不下去，比一般土壤持水时间长，造成耕层潜水过多。另一个是降水集中期，由于土黏，土壤透水性差，造成播期土层水分含量高，这样一来，低洼地土壤宜耕时期就大大减少。

低洼地土壤由于早春地温低、化冻晚、整地不及时，易造成播期拖后而延误农时。低洼地比临近岗地土壤地温水低1～2℃，播种时间推迟5～10天。此时却正是低洼地土壤返浆期，土壤水分高峰期，不宜进行正常的田间整地，这个时期由于冻层化冻慢，浆煞不下去，等到土壤煞浆变干时，作物适宜播期已错过，而造成延误农时。播后由于地温低，种子不愿发芽而易造成粉籽烂脐。出苗后生长缓慢，起身晚，小苗发锈，夏季伏后地温升高，土壤水分充沛，造成作物徒长，易倒伏，秋季易造成作物贪青晚熟，5～7天，并易遭受早霜的危害，而造成作物大幅度减产。有时甚至绝产。

低洼地土壤地质黏重，土壤透水性差，不易渗水而造成地表季节性积水，严重的影响作物的根部呼吸，使作物遭受土壤水分过多的渍害。时间长，甚至造成作物死亡。据黑河农科所调查，小麦地若地面积水深5~10cm，1~2天就会引起千粒重下降，基部叶片变黄，显著减产。淹没7~10天以上就会使小麦倒伏死亡。在双阳河和三道沟下游，由于地下水位高，矿化度高为4.208g/kg。改良利用不当，易造成土壤盐渍化，使土壤理化性质恶化，严重影响作物生长发育。

低洼地土壤是指分布在岗间低湿洼地上的草甸土、沼泽土。全区总耕地面积为1.34万hm²，占全区总耕地面积的19.27%。分为两种类型：

1. 洪涝型低洼地土壤

分布在沟、河沿岸的低洼地土壤类型有沼泽土、泛滥地草甸土。占低洼地土壤面积的2.1%。主要类型土壤常年或季节性积水，或受季节性突如其来的河水泛滥影响，危害性最大。几乎每年都会造成作物大幅度的减产或绝产。

2. 地下水浸涝型土壤

主要类型土壤分布在沟、河两岸地势平坦或宽谷地带，比洪涝型土壤地势稍高。其土壤地下水位高，除受季节性积水影响外，主要是经常受地下水的浸润，土壤过湿。其土壤类型主要是草甸土。低洼地形土壤春季地湿冷凉，地表自然含水量较高，影响早春播种、整地，或后期土壤耕作，管理、秋季作物易遭早霜危害。

（三）土壤耕层浅犁底层厚

通过土壤普查的剖面观察发现，耕地土壤普遍存在耕层浅、犁底层厚现象。耕层在10cm以下占9.7%，10~15cm占66.8%，大于20cm的占23.5%，平均厚度仅有15.6cm。

犁底层在3~5cm占49.3%，7~8cm的占29.4%，大于10cm的占18.7%，平均厚度8cm，最厚10cm以上。由于耕层浅，犁底层厚，给土壤造成很多不良性状，严重影响农业生产。

耕层薄、犁底层厚是人为长期不合理的生产活动所形成的，两者是息息相关的。通过调查，造成耕层浅、犁底层厚的主要原因是：由于适应干旱为了保墒和引墒而进行浅耕，翻地达不到深度要求，只在15cm左右，采取重耙耙地和压大石头磙子等措施，而使土壤压紧，形成了薄的耕作层和厚的犁底层。翻、耙、耢、压不能连续作业，机车进地次数多，对土壤压实形成坚硬层次，部分土壤质地黏重、板结、土壤颗粒小，互相吸引力大，有的地块虽然进行了浅翻深松，但时间不长，由于降雨，土壤黏粒不断沉积又恢复原状。这也是形成耕层薄、犁底层厚的一个主要原因。

耕作土壤构造大都有耕层、犁底层等层次，良好的耕作土壤要有一个深厚的耕作层（20cm）即可满足作物生长发育的需要。犁底层是耕作土壤必不可免的一个层次，如在一定的深度下（20cm以下）形成很薄的犁底层，既不影响根系下扎，还能起托水托肥作用，这种犁底层不但不是障碍层次，而对作物生长发育还能起到有一定意义的作用。而大多数不是这种情况，大都是耕层薄、犁底层厚，有害而无利。耕层薄，犁底层厚主要有以下几点害处（表3-2）。

表3-2　耕层、犁底层物理性状测定平均结果　　　　（单位：g/cm³）

层次	总孔隙度（%）	毛管孔隙度（%）	非毛管孔隙度（%）	田间持水量（%）	容重
耕层	57.0	50.7	6.3	33.2	1.09
犁底层	46.8	41.0	5.9	32.1	1.31

1. 通气透水性差

犁底层的容重大于耕层的容重，而孔隙度低于耕层的孔隙度。犁底层的总孔隙度、通气孔隙、毛管孔隙均低于耕层，另外，犁底层质地黏重，片状结构，遇水膨胀很大，使总孔隙度变小，而在孔隙中几乎完全是毛管孔隙，形成了隔水层，影响通气透水，使耕作层与心土层之间的物质转移、交换和能量的传递受阻。由于通气透水性差，使微生物的活动减弱，影响有效养分的释放。

2. 易旱易涝

由于犁底层水分物理性质不好，一方面，在耕层下面形成一个隔水的不透水层，雨水多时渗到犁底层便不能下渗，而在犁底层上滞留，这样，既影响蓄墒，又易引起表涝，在岗地容易形成表径流而冲走养分；另一方面，久旱不雨，耕层里的水分很快就蒸发掉，而底墒由于犁底层容易造成表涝和表旱，并且因上下水气不能交换而减产。

3. 影响根系发育

一是耕层浅，作物不能充分吸收水分和养分；二是犁底层厚而硬，作物根系不能深扎，只能在浅的犁底层上盘结，不但不能充分吸收土壤的养分和水分，而且容易倒伏。使作物吃不饱，喝不足。

（四）土壤板结

土壤板结是指表层土壤结构遭受破坏，使土壤质地黏朽、死板而引起土壤物理性质恶化，肥力下降，生产能力减退，土壤耕作管理困难等土壤不良性状。因此，土壤板结也就成为土壤问题。另外，由于化肥的长期施用，大量焚烧秸秆不能做到很好的秸秆还田，也是造成土壤板结的因素之一。

1. 土壤板结情况

大部分耕地是近20年开垦的，但由于不合理的耕作，用养结合不好，水土流失严重，施肥不合理，特别是有机肥施用数量少，质量差，加之粗放耕作，使耕地土壤程度不同地出现了板结现象。其表现是越种越硬，耕性变坏，土质变化瘠薄，怕旱怕涝，农作物产量单产不高总产不稳。

土壤板结主要是暗棕壤，特别是山坡地水土流失严重地区的少砾质破皮泥沙底暗棕壤。全区板结土壤面积为 20.47 万 hm²，占全区面积的 14.88%，板结的土壤面积分布广，是发展农业生产的主要障碍因素之一。

2. 土壤板结的危害

土壤板结的危害是多方面的，但主要使土壤结构破坏，造成土壤"水、肥、气、热"四性不协调，妨碍或限制作物对土壤养分吸收，满足不了作物各生育期生长发育的需要，同时，还给土壤耕作和管理带来困难，其危害如下。

板结的土壤表层容重大，为 $1.33 \sim 1.37 g/cm^3$，比不板结的土壤容重大 $0.23 \sim 0.26 g/cm^3$。

（1）怕旱怕涝，抗御自然灾害的能力降低。板结的土壤由于结构的破坏，物理黏粒多，土粒小表面积大，土粒间空隙小毛管作用显著，因此干旱时板结土壤蒸发量大，土壤水分散失得多，加重了旱象。同时，板结土壤表层干缩成坚硬的土块，造成土壤表层龟裂。拉断作物根系，使作物抗御自然灾害的能力大大降低。相反，板结土壤由于透水性差，渗透速度小，土壤湿时又膨胀，不能蓄水，使地表受渍害造成涝象。

（2）宜耕期短，耕性差。板结土壤结构不好，平时硬、湿时黏，耕性差，耕作困难，除耕作阻力大外，耕翻土壤易起垡块，作物生长期耕作时，易伤根压苗，跑风跑墒；加之板结土壤黏着性强，塑性范围大，其下塑限含水量低，宜耕期含水量范围小造成宜耕期短。加重了土壤的板结程度。

（3）不便管理、降低了作物产量。于由板结土壤宜耕期短，耕性差，给耕作带来困难，不便于播种、铲趟、管理。种子发芽对顶土出苗不利，易造成地块缺苗断条，特别是影响块根块茎作物的生长发育，使土壤适种性减弱，从而大大地降低了作物的产量。

（五）土壤侵蚀

土壤侵蚀破坏土地资源、制约粮食增长，致使灾害发生，降低土壤肥力，污染水资源环境，淤积湖泊，危害城市安全等，是加剧耕地质量在演变中退化的重要因素。岭南生态农业示范区因侵蚀每年有大量的表层土壤流失，每年流失的 N、P、K 养分相当于 40% 高浓度含量的复合肥 5.9 万 t。耕地的水土流失受田面坡度、地形部位、地表植被、土壤质地、降水强度以及环境状况等多种因素作用，水土流失严重的地区主要是暗棕壤分布较多的地区和植被破坏严重地区以及陡坡种植、不合理耕作地区。

1. 土壤侵蚀的危害

（1）坡耕地跑水、跑土、跑肥，使土壤肥力减退。由于水土流失，岗坡上的土层逐渐变薄，开荒初期土层一般在 25～40cm，到现在仅剩下 20～30cm，据观测点观测数据和调查资料分析，坡耕地多年平均公顷径流量为 300～705m³，年平均流失表土层厚度为 6.6mm，折合土壤流失总量达每公顷 51t。

（2）破坏农田，减少耕地面积。据调查全区侵蚀沟为 2 340 条。总长达 1 520km，占地面积达 2 800hm²，由于沟蚀的不断发展，耕地的逐渐减少，地下水位下降，耕地大块变小块，严重的地方已支离破碎，不利于耕作，部分土地弃耕。另外，农田靠近江河的耕地由于河水泛滥使其大部分农田被冲毁，每年都在减少，所以，兴修防护堤坝势在必行。

（3）土壤板结，黏杓、物理性质变坏。土壤侵蚀使地表疏松，结构性好的肥沃土层流失掉，有些地方露出过流层，群众称之为心土，造成土壤物理性质变坏，结构不良，土壤板结。

（4）由于水土流失不断发展，造成坡耕地土壤瘠薄怕旱又怕涝，加重了自然灾害，地形、地貌是水土运动的客观条件，大气降水由于地形地貌原因，使降水重新再分配，又造成水分循环上的不平衡，在水分分配过程中，造成坡地土壤干旱，洼地土壤淤涝，据北疆乡铁山村水土保持观测分析，1984 年分田到户的农田，每户一条地，都是顺山坡起垄，年平均土壤含水率为 23.6%，顺坡垄为 26.3%，水土流失严重，土壤抗旱能力差，在春旱后期遇雨的情况下，作物贪青晚熟，造成粮食大幅度减少。

从农业生产上看，旱涝和低温早霜的危害虽然很严重，但都是间歇性的出现，而土壤侵蚀的危害则是年年发生，是一种严重的慢性危害。这 3 种侵蚀有时在同一地区并存。侵蚀的规律是先坡后沟。严重时三者互相影响，互相助长。但风蚀有季节性，沟蚀有局限性，而面广面宽危害最大的是坡蚀，对农业生产的威胁最大。

2. 土壤侵蚀因素

土壤侵蚀形成的基本动力是各种外力对土壤的破坏。土壤的外力破坏、搬运与土壤的抗蚀性、抗冲性之间具有矛盾。如土壤的外力破坏、搬运大于土壤的抗蚀性、抗冲性时，就将引起土壤侵蚀。造成土壤侵蚀的主要因素很多，其主要是自然和人力两种因素。

（1）自然因素。

①气候：直接起作用的是降水。全年降水量不多，年内降水分配不匀，每年6—9月降水集中，降水量占全年的75%。由于土壤质地黏重、通透性差、地硬板结，集中的降水来不及渗透，在地表产生强大的径流。春季小麦播种前后，气温回升快，冰雪和土壤迅速融化，但土壤下层仍有冻层存在，融解的雪水和雨水，不能渗透，向局部浅沟、坡面的低洼处汇集形成地表径流也引起水蚀。风力大也是土壤侵蚀的主要因素之一。每年3—5月大风次数多，地表裸露，造成土壤侵蚀。为解决水土流失要秸秆还田，合理耕翻，增加耕层蓄水量，控制水土流失。

②地形：地形是造成水土流失的基本因素。坡度、坡长和水土流失有密切关系。地处低山丘陵，地形起伏大、坡度长：一般地面坡度在1.5°时就引起水蚀。3°~5°坡侵蚀较重，5°~7°坡以上严重侵蚀。全区坡耕地面积为46 789.4万 hm²，3°以上坡耕地占坡耕地总面积的82.6%。

③土壤：全区耕地以暗棕壤居多，耕层为中壤，底土多为砾石，土质黏重，毛细管作用强，透水性差，遇暴雨易形成地表径引起水土流失，春季土壤有冻、融交替的作用下，表层疏松，地面裸露，易造成土壤径流。

（2）人为因素。在自然状况下，土地生长着茂盛的自然植被，土壤的侵蚀是轻微的。近世纪来人们为了生存和生活，对土壤进行了干预和改造，所以，人为的因素就强烈地干预着土壤侵蚀的形成和发展过程，并起主导作用。一般情况是在认识土壤侵蚀的自然规律，并能采取有效的预防措施的条件下，可削弱或完全控制土壤侵蚀；另一种情况是加速土壤侵蚀，在不合理的利用土地条件下，不自觉地促进了土壤侵蚀的发生或发展。

①乱砍滥伐，破坏草原，陡坡开荒，毁林开荒是造成水土流失的主要人为因素。加之盲目扩大耕地面积，破坏草本植被，水土流失就更加严重。特别是陡坡开荒，人为地造成了水土流失不断加剧。

②顺坡耕作也是水土流失的一个主要原因。全区约有2万 hm² 的耕地没有改为横坡垄，这就必然为加速地表径流、产生水蚀创造了条件。

③广种薄收，耕作粗放。由于盲目扩大耕地面积，只注重增加人均耕地数量，不注意质量；只种地，不养地，施肥量少，质差，有些地块根本不施肥，土壤流失量远远大于施肥量，造成土壤板结，渗水能力差，加大了地表径流，增加了土壤冲刷，加剧了水土流失。

第五节 岭南生态农业示范区土壤改良的主要途径

岭南生态农业示范区土地资源丰富，土壤类型较多，生产潜力很大，对农、林、牧、副、渔各业的全面发展极为有利。但是，由于自然条件和人为等因素的影响，有些地方土壤利用不太合理，上面我们已经提到了土壤存在的一些问题，这些都是问题的主要方面。但目前多数土壤还存在着许多不被人们所重视的程度不同的限制因素，因此，我们要尽快采取有效措施，全面规划、改良、培肥土壤，为加速实现农业现代化打下良好的土壤基础。下面将土壤改良的主要途径分述如下。

一、大力植树造林，建立优良的农田生态环境

人类开始农事活动的历史经验证明，森林是农业的保姆，林茂才能粮丰，是优良农田生态环境的集中表现形式。目前，森林的覆盖率逐渐降低，回复森林植被必须坚持长久的大发展。保持水土、为了涵养水源，调节气候，为生物排水（降低地下水位），解放秸秆，都必须造林。这样就会使全区林业发生很大变化，农田生态就会大改善，随之而来的将会出现一幅林茂粮丰的大好景象。

二、改革耕作制度实行抗旱耕法

岭南生态农业示范区地处大兴安岭，春季雨量少、蒸发强烈，土壤是"十春九旱"，这是农业生产上的主要限制因素之一。而耕作又是对土壤水分影响最为频繁的措施。合理耕作会增加土壤的保水性，不合理的耕作能造成土壤水分大量散失，加剧土壤的干旱程度。因此，要紧紧围绕抗旱这个中心，实行以抗旱为主兼顾其他的耕作制度。

（一）翻、耙、松相结合整地

翻、耙、松相结合整地，有减少土壤风蚀，增强土壤蓄水保墒能力，提高地温，一次播种保全苗等作用。

翻地最好是伏秋翻，无条件的也可以进行秋翻，争取春季不翻土或少翻土。伏翻可接纳伏（秋）雨水，蓄在土壤里，有利蓄水保墒。春季必须翻整的地块，要安排在低洼保墒条件较好的地块，早春顶棱浅翻或顶浆起垅，再者抓住雨后抢翻，随翻随耙，随播随压，连续作业。

耙茬整地是抗旱耕作的一种好形式，我们要积极应用这一整地措施，耙茬整地不直接把表土翻开，有利保墒，又适于机械播种。

深松是整地的一种辅助措施，能起到加深土壤耕作层，打破犁底层，疏松土壤，提高地温，增加土壤蓄水能力的效果。要想使作物吃饱、喝足、住得舒服，抗旱抗涝，风吹不倒，必须加厚活土层，尽量打破犁底层或加深犁底层的部位。为此，深松是完全必要的，是切实可行的。根据全区推广深松耕法的经验表明，深松面积增产，其增产幅度约在20%。深松如果能与旱灌结合起来效果更好。

（二）积极推广应用机械播种

机械播种是抗春旱、保全苗的一项主要措施之一。应尽快发展连片种植，便于机械作业。根据现有条件，进行大型机械播种，其优点是封闭式播种，使种子直接落入湿土中。此外，播种、施肥（化肥）、覆土、镇压一次完成，防止跑墒。机械播种还有播种适时、缩短播期、株距均匀、小苗生长一致等优点。据试验对比结果，大豆窄行密植栽培比垄三栽培增产8%～20%，玉米大垄通透密植栽培比正常播种增产15%。这些措施有利于中耕除草，抗旱保水，提高地温。

（三）因地制宜，合理布局

根据土壤情况，西南部地区，小麦及杂粮为主要种植作物，逐步扩大小麦面积，适当压缩低产作物面积。经济作物主要以杂豆、水飞蓟、马铃薯等为主；中部地区，要以种植大豆、玉米，马铃薯、杂粮等经济作物为主；北部地区，粮食作物应以大豆，经济作物为主。

三、增加土壤有机质，培肥土壤

土壤有机质是作物养料的重要给源，增加土壤有机质是改土肥田，提高土壤肥力的最好途径。不断地向土壤中增加新鲜有机质，能够改善土壤质地，增强土壤通气透水性能，提高地温，促进微生物活动，有利速效养分的释放，满足作物生长发育的需要。

（一）大力发展薪炭林，实行秸秆还田

秸秆还田是增加土壤有机质，提高土壤肥力的重要手段之一，它对土壤肥力的影响是多方面的，既可为作物提供各种营养，又可改善土壤理化性质。据试验，秸秆还田一般可增产10%左右。当前农村烧柴过剩，可用于还田。把秸秆用作肥料，发挥更多作用，我们应积极发展机械秸秆还田技术，秋后将秸秆粉碎压在土壤里即可。秸秆还田后，最好结合每公顷增施氮肥55kg，磷肥35kg，以调节微生物活动的适宜碳氮比，加速秸秆的分解。目前，秸秆全部还田一时解决不了，但我们要把它作为农业基本建设的一项内容，和提高土壤有机质的一项重要措施来抓，为逐步实行秸秆还田创造条件。

（二）合理施用化肥

施用化肥是提高粮食产量的一个重要措施。为了真正做到增施化肥，合理使用化肥，提高化肥利用率，增产增收，要做到以下几点。

1. 确定适宜的氮磷钾比例，实行氮磷混施

根据近年来我们在全区不同土壤类型区进行氮磷钾比例试验结果证明，东部地区大豆氮磷钾比以0.6：（1.4～1.6）：1或0.8：（1.5～1.7）：1为宜，西部及东部氮磷钾比以1：1.6：0.9或1：1.5：0.8为宜。

2. 底肥深施

多年试验和生产实践证明，化肥做底肥深施、能大大提高肥料利用率，尤其是二铵作底肥效果更好。

第六节　土壤改良利用分区

土壤改良利用分区，应该主要以土壤的类型组合特点做依据。但是农业生产一般是以一定规格的地块和区域进行布局的，而不是以土壤界线作为土地地块使用界线的。往往同一生产区域里就会有几种土壤类型，加之又是低山漫岗地形，同一块地也不一定是同一种土壤类型。因此，需要把具有共同生产特性和改良利用方向相一致的土壤进行组合分片划区，又要把自然生态条件，农业生产的区域特点，主要矛盾及其各种限制因素共同加以考虑，以利合理农业生产中应用，为农业综合区划和农、林、牧、副、渔各业全面发展，合理布局，提供科学的依据。把土壤普查成果，应用于农业生产的实际措施和重要步骤。

一、土壤改良利用分区的原则与分区方案

土壤改良利用分区，是在充分分析土壤普查各项成果的基础上，根据土壤组合、肥力属性及其农业生产特点，自然环境条件和农业经济发展方向等综合因素编制的分区。

（一）土壤改良利用分区的原则和依据

（1）坚持在同一改良利用区内，其土壤的成土条件，土壤组合类型的基本理化性质和肥力水平相一致。

（2）坚持在同一改良利用区内，其农业生产存在的主要问题，土壤的改良利用方向和措施基本一致，有利于土壤的综合治理，有利于用地与养地结合，建设稳产高产农田。

（3）坚持在同一改良利用区内，既要照顾地貌单元、景观系统的完整性，又要切合实际的照顾长远与当前相结合，在以近为主服务当前的前提下，也要考虑长远发展生产的战略性。

根据上述的分区原则，本区土壤改良利用分区暂分为两级。第一级是土区，下分亚区。

土区的划分依据，主要是根据自然景观和地貌单元内土壤组合的类型及其土壤改良利用方向与土壤有关的农业生产问题的一致性。把全区划分为4个土区。

亚区的划分依据，主要是根据土壤组合类型的理化性质、地理位置水文条件、综合改良利用措施和治理途径的一致性把全区划分为9个亚区。

（二）土壤改良利用分区的命名

土壤改良利用分区主要是以突出土壤类型为特点来命名的。

（1）土区的命名。土区是以该区内的主要土类为主；辅以地理位置和农业生产特点命名。例如：西南部小麦、杂粮经济作物草甸土、沼泽土区，其主要土壤类型是草甸土、沼泽土，坐落在西南部，农业生产特点是适宜发展小麦、杂粮经济作物。

（2）亚区的命名。主要是以该亚区内土壤类型为主，辅以该亚区的地理位置，名称或河流名称而命名。如大部分管理区沿江地块的草甸土、沼泽土，其他的山区低山缓坡地（表3－3、表3－4）。

表 3－3　岭南生态农业示范区的暗棕壤土大豆区

分区项目	暗棕壤土大豆区	
	合计	暗棕壤土大豆区全区均有分布
分区　面积（hm²）	30 299.75	30 299.75
面积　占总面积（%）	44.23	
主要土壤类型	暗棕壤	
主要生产问题	地势起伏大，水土流失严重，易旱。潜在肥力高，有效性强。长期耕作，地力有减退的趋势	
发展方向	以农为主、农林结合、发展豆、麦、经济作物	
土壤改良利用途径及主要措施	1. 深松改土，增施有机肥料，改善土壤结构，改良土壤耕性，提高土壤的蓄水能力 2. 加强耕作措施，提高土温，使水、肥、气、热比例协调，促使养分有效化 3. 搞好水土保持，减少水土流失，减轻降水的冲力，坡度较缓的岗地，采取横坡打垄 4. 建立合理的耕作制度，麦豆生产优势，扩大种植面积。推广轮作、轮耕、轮施肥的耕作制度 5. 推广秸秆还田，种植绿肥，提高地力，用养结合	

表 3 – 4　草甸土区

分区项目	草甸土	
	合计	全区各管理区均有分布，主要分布在多布库尔河、古里河、那都里河、嫩江沿岸，部分河流两岸
主要生产问题	地势低，排水不畅，土壤怕涝不怕旱，透水性较好	
发展方向	以种植大豆、马铃薯、小麦为主	
改良利用途径及主要措施	1. 搞好水利工程，做到排灌配套，解决内涝，降低地下水位 2. 改善耕作措施和农业措施，做到水、肥、气、热四性协调 3. 防止水土流失，种植牧草，宜牧土壤要退耕还牧，合理规划，节约用地 4. 开展多种经营，扩大经济来源，充分利用土地，农、林、牧、渔全面发展	

二、土壤改良利用分区概述

由于地形起伏较大，高低不平，水土流失严重，严重的水土流失区。土壤养分含量高低之间相差悬殊。岗上岗下明显不同，暗棕壤，有效性差。但由于长期耕作、地力均有减退的趋势。

改良措施：深松改土，增施有机肥料。本亚区水土流失严重，耕层黑土只有 8～18cm，部分耕层已露出过渡层（二黄土）。岗上土壤耕性不良，蓄水保肥性能差，因此在深松土壤的同时，要配合增施有机质肥料，改善土壤结构，活化耕作层，改良土壤的耕性，提高土壤的蓄水保墒能力；地势比较低洼的土壤，虽然黑土层厚，潜在肥力高，但地温低，冷浆。为此要采取耕作措施，提高土壤温度，改善土壤的物理化学性能，加速土壤养分的转化。在坡度较大的土壤上要植树造林，树种以灌木林为主，要营造农田防护林，防止水土流失。耕地要修造梯田，修筑环山截流沟等水土保持工程，以减轻降水的冲力；坡度较缓的岗地要采取深松耕法，横坡打垄，进行等高种植。发挥黑土的麦豆生产优势，扩大种麦豆面积。推广轮作、轮耕、轮施肥的合理耕作制度，建立以小麦—大豆—玉米、马铃薯为主的轮作体系，适当增加甜菜等经济作物比重，合理调整作物布局。

施有机肥料，提高土壤肥力和蓄水保墒能力。调整农作物种植比例，种植抗旱作物，改善耕作措施，做到耙、耢结合，以逐渐加厚耕层，提高土壤耕性。

降低 pH 值。大力发展畜牧业，对宜牧的土壤退耕还牧。同时，要加强草场的管理，保护草场，做到农林牧结合，全面发展。

农业生产中土壤存在的主要问题是：地势低洼，怕涝不怕旱，排水不畅，易受洪涝和早霜威胁，土壤质地黏糯，透水性差，旱春地温低，冷浆，不利于耕作和作物的生长发育。虽然土壤潜在养分含量多，但有效养分含量少，供不协调，前劲小，后劲大。因土壤冷浆，作物生育前期养分转化慢，小苗不爱长。

（一）关于耕层薄犁底层厚问题的调查

通过这次土壤调查，我们发现耕地土壤普遍存在耕层薄、犁底层厚的问题。调查表明，耕层在 10cm 以下占 9.7%，10～15cm 占 66.8%，大于 20cm 的占 23.5%，平均厚度仅有 15.6cm。犁底层在 3～5cm 占 47.3%，6～8cm 的占 39.4%，大于 10cm 的占 13.7%，平均厚度 8cm，最厚 10cm 以上。由于耕层浅，犁底层厚，给土壤造成很多不良性状，严重影响农业生产。

1. 造成耕层薄、犁底层厚的主要原因

耕层薄、犁底层厚是人为长期不合理的生产活动形成的，两者是息息相关的。通过调查，造成耕层薄、犁底层厚的主要原因如下。

（1）由于适应干旱，为了保墒和引墒而进行浅耕，翻地达不到深度要求，只在15cm左右。采取重耙耢地和压大石头碌碡等措施，使土壤压紧、压实，这样易形成薄的耕作层和厚的犁底层。

（2）大部分地区因多年使用小型农机具耕翻尝试不足，因此，多年的浅翻，使耕层始终保持相近深度水平，上层土经常受犁底的压力，就而久之，便形成厚而坚硬的犁底层和薄的耕作层。

（3）翻、耙、耢、压不能连续作业，机车进地次数多，把土壤压实，形成坚硬层次，部分土壤质地黏重、板结、土壤颗粒小，互相吸引力大，有的地块虽然进行了浅翻深松，但时间不长，由于降水，土壤黏粒不断沉积，又恢复原状。

2. 耕层薄、犁底层厚的危害

耕作土壤构造大都有耕层、犁底层等层次。良好的耕作土壤要有一个深厚的耕作层（20cm），即可满足作物生长发育的需要。犁底层是耕作土壤必不可免的一个层次，如在一定的深度下（20cm）以下形成很薄的犁底层，既不影响根系下扎，还能起到托水托肥的作用，而且对作物生长发育还能起到一定意义的作用。而现在大都不是这种情况，多是耕层薄、犁底层厚，有害而无利。

耕层薄、犁底层厚主要有以下几点害处。

（1）通气透水性差。犁底层的容重大于耕层的容重，而孔隙度低于耕层的孔隙度。犁底层的总孔隙度、通气孔隙、毛管孔隙均低于耕层。另外，犁底层质地黏重，片状结构遇水膨胀很大，使总孔隙度变小，而在孔隙中完全是毛孔隙，形成隔水层。影响通气透水，使耕作层与心土层之间的物质转移、交换和能量的传递受阻。由于通气透水性差，使微生物的活动减弱，影响有效养分的释放（表3-5）。

表3-5 物理性状测定平均结果

层次	总孔隙度（%）	毛管孔隙度（%）	非毛管孔隙度（%）	田间持水量（%）	容重（g/cm³）
耕层	54.1	46.4	7.7	28.9	1.18
犁底层	45.6	41.4	4.5	32.3	1.29

（2）易旱易涝。由于犁底层水分物理性质不好，一方面，在耕层下面形成一个隔水的不透水层，雨水多时渗到犁底层便不能下渗而在犁底层滞留。这样既影响蓄墒，又易引起表涝，在岗地容易形成地表径流而冲走养分；另一方面，久旱不雨，耕层里的水分很快就蒸发掉，而底墒由于犁底层之隔而引不出来，造成土壤表层干旱。因此，犁底层厚易造成表涝和表旱，且因上下水气不能交换而减产。

（3）影响根系的正常发育。一是耕层薄，作物不能充分吸收水分和养分；二是犁底层厚而硬，作物根系不能深扎，只能在浅的犁底层上盘结，不但不能充分吸收土壤的养分和水分，而且易倒伏，使作物吃不饱、喝不足，住得不舒服。

3. 加深耕作层、打破犁底层的意见

（1）建立以深松为主，翻松耙结合的耕作制度。由于土壤阻力大，现有机具又达不到逐年加深耕层的要求，因此，要靠翻地加深耕层有一定困难。必须大力提倡少翻深松、浅翻深松，才能加深耕作层、打破犁底层，还能保持原来的土层，不能把底土翻上来。尤其是西部地区更要大力提倡这种整地方法。坚持每年深松 2～3 次，采用不同部位轮换深松（垄台、垄沟、垄帮）3 年翻 1 次，翻耙压连续作业，减少机车进地次数。

（2）集中深施优质农肥，结合深松集中深施底肥，2～3 年轮施一遍，这样既可提高肥效，增加土壤有机质含量，又可改变犁底层的片状结构，缓和其理化性状。另外，种植绿肥也可使犁底层的物理性质得到改变，绿肥的大量根系能穿透犁底层，使犁底层土壤疏松，增加孔隙度和通透性。

（3）黏重土壤要大量施沙，施草炭和一些热性肥料，改变土壤质地，增加土壤通透性，使土壤松软发壏，上松下实的耕层构造，长期保留深松后的状态。

（二）土壤板结的原因及改良利用

土壤板结是指表层土壤结构遭受破坏，使土壤质地黏糊、死板而引起土壤物理性质恶化，肥力下降，生产能力减退，土壤耕作管理困难等土壤不良性状。因此，土壤板结也就成为土壤问题之一。

垦荒时间虽然不长，但由于不合理的耕作，用养结合不好，水土流失严重，施肥不足，特别是有机肥施用数量少，质量差，加之粗放耕作，使耕地土壤程度不同地出现了板结现象。其表现是越种越硬，耕性变坏，土质变化瘠薄，怕旱怕涝，农作物产量单产不高总产不稳。

土壤板结主要是暗棕壤，特别是中部东部水土流失严重地区的少砾质破皮黄沙底暗棕壤，破皮黄沙底暗棕壤，薄层沙底暗棕壤，破皮黄黏底暗棕壤和薄层黏底暗棕壤。全区板结土壤面积为 12.4 万 hm^2，占全区总土区面积的 29.41%，占总耕地面积的 33.1%。板结的土壤面积分布广，是发展农业生产的主要障碍因素之一。

尽管养分含量不低，但发挥效果不好，产量不高。现将土壤板结的低产原因及改良利用意见简述如下。

1. 土壤板结的原因

造成土壤板结的原因很多，其主要原因如下。

（1）土壤母质黏重。板结土壤主要是暗棕壤，土壤比较黏重，孔隙小，渗透性差是造成土壤板结的主要原因。

（2）水土流失。水土流失把原来结构好、养分含量高的肥沃土壤的表层流失掉，严重的把土层冲光，露出心土或底土。使中层土壤质地变为黏重而造成土壤板结。

（3）耕作粗放，只用地不养地。由于耕作粗放、长时期不能在宜耕期耕作，不管干或湿，都进行耕作，旱时耕作破坏土壤结构，起垡块和土坷垃。湿时耕作易起明条。这样一来，铲趟、翻、耙、压等土壤耕作经常性不合理，人为的造成了土壤板结。旧式犁耕翻的浅，使耕层下部形成犁底层，新式的拖拉机作业不合理，更会使土壤表层碾压，透水性显著减弱，更加重了土壤的板结。特别是多年来只注重用地不注重养地，加之施用有机肥料少质量低，绿肥种植面积小，使土壤肥力逐年下降，造成土壤板结。

2. 针对土壤板结，采取以下几种措施加以改良

（1）增施有机肥，秸秆还田，创造稳固的团粒结构，改善板结土壤。施用各种有机肥料，可以使耕层土壤疏松，增加土壤的保水保肥性能，降低土壤黏粒比例和肥田、增产的效果。经验证明，每公顷施畜禽粪 7 500～15 000kg，可增加土壤总孔隙度 2%；每公顷施腐殖酸或沸石 300kg 与有机肥配合使用，对于改善土壤结构，增加产量其作用较为明显。

种植绿肥改良土壤板结，具有肥分高、投资小、见效快的特点。草木栖、民豌豆和田菁等绿肥作物都有改土、肥田、增产的效果。种植绿肥可以增加地面覆盖，减轻土壤板结进程、疏松土壤。

（2）采取农业和工程措施防止水土流失。防止结构好、肥力高的土壤表层流失，保持或提高土壤肥力，减轻土壤板结危害程度。

浅翻深松能打破犁底层，给土壤创造一个深厚而疏松的耕层，给作物创造良好的生长环境；同时，深松还能增强通风、透气、透水性，使土壤板结程度降低，提高作物的适应性，增加肥料的利用率，充分发挥作物品种的特性。深松最好在伏秋季进行。

（3）合理耕作，精耕细作，改变只用地不养地、粗放耕作的坏习惯。减少人为造成土壤板结的因素，做到用养结合，不断地提高土壤肥力，创造稳产高产土壤。

（三）低洼地土壤危害的原因及改良利用

1. 低洼地土壤危害的原因

低洼地土壤危害的主要原因是补给水大于排泄水造成积水。土壤补给水的方式有常年，季节和瞬间补给，补给的方式不同危害低洼地土壤的程度亦不同。总的说水分来源不外乎大气降水、河水出槽泛滥、地表水径流汇聚以及地下水溢出等。在不同部位和不同类型低洼地土壤，水分补给的方式不同。而其地表水的排泄一般说有 3 种：河槽、水渠排水，地下渗透排水，地面蒸发排水等。以自然因素考虑，引起低洼地土壤危害的原因主要有以下 2 个方面。

（1）气候水文因素。历年降水分配不平衡，特别是 73% 的降水都集中在 6—8 月。尽管这个时期土壤蒸发量大和作物蒸腾作用强，但地表径流造成低洼地土壤水分过多或积水。加上集中的降水狭窄的河床里容纳不下而使河水出槽，淹没沟，河两岸低洼地，使低洼地土壤遭到危害。

从水文地质看，受水害影响的地块有甘河、多布库尔河、那都里河等河流、土壤潜水量高。到了洪水季节性，地面降水的集中，还有地下承压水和泉水的补给汇聚在一起，而造成低洼地土壤的水分过多，引起低洼地土壤危害。

（2）地质、地貌因素。从地质上看，地壳处于相对稳定，从地貌上看，地形起伏变化较大，水土流失严重。少部分地势平坦，降水易排泄，易造成泛滥，洼地易形成积水。从土壤母质上看，成土母质多属第四纪黄土状亚黏土，土壤质地黏重，透水能力差，加上耕作土壤的犁底层，土壤剖面上部黏化淀积层等障碍阻隔，使地表水难以下渗，造成低洼地土壤过湿或易涝积水。同时也有人为的因素，如水利工程管理得不好，农业、工程措施搞得差，造成水土流失，致使洼地土壤受害。

2. 改良措施

首先要加强低洼地土壤的防洪排涝，维护和修筑堤坝、谷坊，水库、塘坝等工程。疏通河道，扩大输水能力，对坡水成涝土壤，要挖截流沟，对积水成涝的土壤，修台田、条田，

发展水田；对内涝区土壤应大搞排水工程，修筑排水渠系等。

其次是加强农业土壤改良措施，深松、适时合理耕作，施热性肥料，掺沙或炉灰渣，提高地温、透水性，改良低洼地土壤理化性状，选择耐涝物，早熟品种，施行科学种田。因地制宜，统一区划，宜农则农，宜林则林，宜牧则牧，宜渔则渔，改良利用好低洼土壤。

（四）土壤侵蚀形成的原因及利用改良

1. 土壤侵蚀形成的原因

土壤侵蚀形成的基本动力是各种外力对土壤的破坏。土壤的外力破坏、搬运与土壤的抗蚀性、抗冲性之间具有矛盾。如土壤的外力破坏、搬运大于土壤的抗蚀性、抗冲性时，就将引起土壤侵蚀。造成土壤侵蚀的主要因素很多，其主要是自然和人为 2 种因素。

自然因素。

（1）气候。直接起作用的是降水。全年降水虽然不多，但年内降水分配不匀，每年 6—8 月降水集中，多暴雨、降水量占全年的 68.5%。由于土壤质地黏重、通透性差、地硬板结，集中的降水来不及渗透，在地表产生强大的径流。春季小麦播种前后，气温回升快，冰雪和土壤迅速融化，但土壤下层仍有冻层存在，融解的雪水和雨水，不能渗透，向局部浅沟、坡面的低洼处汇集形成地表径流也引起水蚀。风力大也是土壤侵蚀的主要因素之一。每年三月、四月、五月大风次数多，地表裸露，造成土壤侵蚀。为解决水土流失要植树造林，营造农防林，水保林，防风固沙，保持水土。

（2）地形。地形是造成水土流失的基本因素。坡度、坡长和水土流失有密切关系。地处丘陵，地形起伏大、坡度长；最大坡长达上米。水土易汇集，一般地面坡度在 1.5° 时就引起水蚀。3°~5° 坡侵蚀较重，5°~7° 坡以上严重侵蚀。全区坡耕地面积为 46 789.4hm²，3° 以下坡耕地占坡耕地总面积的 82.6%（表 3-6）。

表 3-6 坡耕地面积坡度分级统计 （单位：hm²）

坡耕地面积 (hm²)	坡度分级									
	0°~1.5°		1.5°~3°		3°~5°		5°~7°		>7°	
	面积	(%)	面积	(%)	面积	(%)	面积	(%)	面积	(%)
46 917.4	6 165.05	9	8 220.07	12	26 030.22	38	20 550.17	3	7 535.064	11

由于地面高差大，沟壑多、集水面积广，这就造成土壤水蚀的严重性。

（3）土壤。全区耕地以暗棕壤为主，底土多为轻黏土，土质黏重，毛细管作用强，透水性差，遇暴雨易形成地表径流引起水土流失，春季土壤有冻、融交替的作用下，表层疏松，地面裸露，由于春风大，次数多，易造成土壤风蚀。

2. 土壤侵蚀的利用改良

水土流失的防治，已得到了领导的重视。一般采取综合治理的措施，以农业措施生物措施为主，工程措施为辅，农业、生物为工程措施相结合的防治措施。农业措施：根据水土流失原因，在农业上主要采取调整垄向的措施，即改顺坡垄为横坡垄。实践证明，调整垄向是大面积控制坡耕地土壤侵蚀的有效措施，改垄后的垄沟坡降应以 3% 左右为宜。据水土保持网观测资料，3° 坡地横垄比顺垄径流量减少 32%~39%。

冲刷量减少 44%~53% 横垄比顺垄土壤水分一般高 2%~5%，农业措施中还包括增施有机肥，播种绿肥，增加土壤孔隙度，提高土壤的保水蓄水能力。近年来，随着机械化的发展，在土壤耕作上还采用了耙茬播种，垄沟深松等少耕法，提高土壤的蓄水能力，也是防止土壤侵蚀的有效措施。生物措施：主要是指林业措施。实践证明，植树造林是防止土壤侵蚀，改善农田生态环境的重要措施。在树林植被下，大雨降到林地，雨水有 14%～40% 被林冠截留，5%～10% 被林下植株叶层吸收，50%～80% 缓慢深入地下成为土壤水。地表形成的径流量一般不超过 1%，以达到土壤、植被涵养水源，保持水土，防止土壤侵蚀的目的。据林业部门资料，0.33 万 hm² 树林蓄水量就相当于一座 100 万 m³ 的水库。每平方千米森林平均可以贮存 5 万～20 万 t 的水。可以减少土壤侵蚀的危害。根据地貌地形特点，应采取以下几种措施：

（1）退耕还林。很多地块由于盲目开发，造成水土流失严重，所以，这部分地块不适合耕种，农业比较效益低，应还林。

（2）护宅林、护路林、护渠林。在村屯的周围，道路的两旁、渠道的两侧营造护宅林、护路林、护渠林。

（3）种草或绿肥。防止水土流失，除林木以外，还要在荒地、荒山上种植牧草或草木栖，苜蓿等绿肥作物。在搞好草原管理的基础上，发展畜牧业，种植绿肥保蓄水源，减缓土壤侵蚀，既可肥田，增加土壤有机质，改善土壤理化性质，又可做饲料，发展养殖业生产。

第二章 岭南生态农业示范区耕地地力调查与平衡施肥专题调查报告

第一节 概 况

岭南生态农业示范区地跨加格达奇区和松岭区两个县级区，隶属于大兴安岭林业集团公司，是一个以农业为主业，工、商、运、建、服多元化经营，拥有 20 多家子公司、3 000 多名职工的新兴企业。2009 年 4 月大兴安岭地委、行署、林管局以原林田公司为基础组建岭南生态农业示范区，接管加格达奇林业局、松岭林业局、新林林业局、大兴安岭地区农委、加格达奇区等 7 个单位的 1 179 家农场，耕地面积达到 68 000hm²。岭南生态农业示范区是麦豆薯产区，是大兴安岭地区重点的商品粮基地，自 20 世纪 90 年代初开发以来，粮食产量逐年增加。2005 年，全区农作物播种面积 27 110.73hm²，其中，粮豆薯面积 25 392hm²，粮食总产 44 037t，平均公顷产量 1 725kg。近几年由于耕地面积的加大、种植技术的提高、品种更替，施肥技术的完善，2008—2010 年的 3 年内全区播种面积达到 75 246hm²，粮食总产量达 1.3 亿 kg。

一、开展专题调查的背景

（一）岭南生态农业示范区肥料使用的沿革

岭南生态农业示范区垦殖已有近 100 年的历史，化肥料应用也有近 30 年的历史，从肥料应用和发展历史来看，大致可分为 4 个阶段。

（1）20 世纪 60 年代以前，耕地主要依靠有机肥料来维持作物生产和保持土壤肥力，作物产量不高，施肥面积约占耕地的 30%，应用作物主要是一些杂粮、蔬菜等作物。

（2）20 世纪 70—80 年代，仍以有机肥为主、化肥为辅，化肥主要靠国家计划拨付，总量不足百吨，应用作物主要是粮食作物和少量经济作物，除氮肥外，磷肥得到了一定范围的推广应用。主要是硝铵、硫铵、过磷酸钙。

（3）20 世纪 80—90 年代，十一届三中全会后，农民有了土地的自主经营权，随着化肥在粮食生产作用的显著提高，农民对化肥形成了强烈的依赖，化肥开始大面积推广应用，化肥总量达千吨、平均公顷用肥达 100kg，施用有机肥的面积和数量逐渐减少。20 世纪 90 年代开发初期，化肥使用量很少，主要依靠土壤自身养分。

（4）20 世纪 90 年代末期至 2005 年，随开展了因土、因作物的诊断配方施肥，氮、磷、钾的配施在农业生产得到应用，氮肥主要是硝铵、尿素、硫铵、磷肥以二铵为主，钾肥、复合肥、微肥、生物肥和叶面肥推广面积也逐渐增加。肥技术的深化和推广，黑龙江省土肥站先后开展了推荐施肥技术和测土配方施肥技术的研究和推广，广大土肥科技工作者积极参与，针对当地农业生产实际进行了施肥技术的重大改革。

（5）2008 年至今，随着农业部配方施肥技术的深化和推广，黑龙江省土肥站先后开展了推荐施肥技术和测土配方施肥技术的研究和推广，广大土肥科技工作者积极参与，针对当地农业生产实际进行了施肥技术的重大改革。

（二）岭南生态农业示范区肥料化肥肥效演变分析

岭南生态农业示范区从 1994—2008 年 15 年肥料与粮食产量的变化规律。在 15 年变化过程又分为 3 个阶段，1997 年以前化肥用量逐年递增；1997 年以后化肥用量下降，2001 年以后化肥用量迅速上升，化肥用量高峰出现在 2009 年，达 12 240t，但粮食产量并没有达到理想指标，根据土壤养分状况和作物规律提出了"稳氮、调磷、增钾、补微"的施肥模式，降低了化肥的总用量，使粮食产量开始稳步提高，收到了良好的经济效益、社会效益和生态效益（表 3 – 7）。

表 3 – 7　化肥施用量与粮食总产统计

（单位：t、kg/hm²）

年度	1994	1998	2005	2008
化肥施用量	5 000	6 000	7 000	12 000
粮食单产	1 750	1 800	1 800	1 850

二、开展专题调查的必要性

耕地是作物生长基础，了解耕地土壤的地力状况和供肥能力是实施平衡施肥最重要的技术环节，因此开展耕地地力调查，查清耕地的各种营养元素的状况，对提高科学施肥技术水平、提高化肥的利用率、改善作物品质、防止环境污染、维持农业可持续发展等都有着重要的意义。

（一）开展耕地地力调查，提高平衡施肥技术水平，是稳定粮食生产保证粮食安全的需要

保证和提高粮食产量是人类生存的基本需要。粮食安全不仅关系到经济发展和社会稳定，还有深远的政治意义。近几年来，我国一直把粮食安全作为各项工作的重中之重，随着经济和社会的不断发展，耕地逐渐减少和人口不断增加的矛盾将更加激烈，21 世纪人类将面临粮食等农产品不足的巨大压力，岭南生态农业示范区作为国家商品粮基地是维持国家粮食安全的坚强支柱，必须充分发挥科技保证粮食的持续稳产和高产。平衡施肥技术是节本增效、增加粮食产量的一项重要技术，随着作物品种的更新、布局的变化，土壤的基础肥力也发生了变化，在原有基础上建立起来的平衡施肥技术不能适应新形势下粮食生产的需要，必须结合本次耕地地力调查和评价结果对平衡施肥技术进行重新研究，制定适合本地生产实际平衡施肥技术措施。

（二）开展耕地地力调查，提高平衡施肥技术水平，是增加农民收入的需要

岭南生态农业示范区以农业为主的大县，粮食生产收入占农民收入的很大比重，是维持农民生产和生活所需的根本。在现有条件下，自然生产力低下，农民不得不靠投入大量花费来维持粮食的高产，化肥投入占整个生产投入的 50% 以上，但化肥效益却逐年下降，如何科学合理的搭配肥料品种和施用技术，以期达到提高化肥利用率，增加产量、提高效益的目的，要实现这一目的，必须结合本次耕地地力调查与之进行平衡施肥技术的研究。

（三）开展耕地地力调查，提高平衡施肥技术水平，是实现绿色农业的需要

随着中国加入 WTO 对农产品提出了更高的要求，农产品流通不畅就是由于质量低、成本高造成的，农业生产必须从单纯地追求高产、高效向绿色（无公害）农产品方向发展，这对施肥技术提出了更高、更严的要求，这些问题的解决都必须要求了解和掌握耕地土壤肥力状况、掌握绿色（无公害）农产品对肥料施用的质化和量化的要求，对平衡施肥技术提出了更高、更严的要求，所以，必须进行平衡施肥的专题研究。

第二节　调查方法和内容

一、样点布设

依据《全国耕地地力评价技术规程》，利用岭南生态农业示范区归并土种后的土壤图、行政区划图和土地利用现状图叠加产生的图斑作为耕地地力调查的调查单元。岭南生态农业示范区基本农田面积 56 779.46hm^2，大田样点密度为 70hm^2，此次共设 975 个样点；样点布设基本覆盖了全区主要的土壤类型。

二、调查内容

布点完成后，对取样农户农业生产基本情况进行了入户调查。

三、肥料施用情况

（1）农家肥。分为牲畜过圈肥、秸秆肥、堆肥、沤肥、绿肥、沼气肥等，单位为千克。

（2）有机商品肥。是指经过工厂化生产并已经商品化，在市场上购买的有机肥。

（3）有机无机复合肥。是指经过工厂化并已经商品化，在市场销售的有机无机复（混）肥。

（4）氮素化肥、磷素化肥、钾素化肥。应填写肥料的商品名称，养分含量，购买价格及生产企业。

（5）无机复（混）肥。调查地块施入的复（混）肥的含量，购买价格等。

（6）微肥。被调查地块施用微肥的数量，购买价格及生产企业等。

（7）微生物肥料。指调查地块施用微生物肥料的数量。

（8）叶面肥。用于叶面喷施的肥料。如喷施宝、双效微肥等。

四、样品采集

土样采集是在作物成熟收获后进行的。在采样时，首先向农民了解作物种植情况，按照《规程》要求逐项填写调查内容，并用 GPS 进行定位，在选定的地块上进行采样，大田采样深度为 0～20cm，每块地根据耕地面积大小采集 7～15 个点，用四分法留取土样 1kg 做化验分析。

第三节 专题调查的结果与分析

一、耕地肥力状况调查结果与分析

本次耕地地力评价工作，共对 975 个土样的有机质、全氮、有效磷、速效钾和微量元素等进行了分析，平均含量，见表 3 – 8。

表 3 – 8 岭南生态农业示范区耕地养分含量平均值 （单位：g/kg、mg/kg）

项目	平均值	最大值	最小值
有机质	62.47	106.99	12.64
全　氮	3.62	5.44	1.61
碱解氮	282.48	493	68.6
有效磷	52.04	89.2	5.7
速效钾	245.39	350	33
全　钾	10.81	33.69	3.6
有效锌	1.69	11.48	0.17
有效铜	0.80	1.87	0.042
有效铁	74.66	155.28	19.49
有效锰	43.36	92.42	8.82
全　磷	0.77	1.74	0.23

（一）土壤有机质及大量元素

全区土壤有机质含量普遍较高，最大值为 106.99g/kg，最小值为 12.64 g/kg，平均值为 62.47 g /kg。土壤中的碱解氮的含量较高，为中等偏上水平，从碱解氮含量分级可见，大于 250mg/kg 为一级水平的面积是 49 457.5，占耕地总面积的 72.2%，二级、三级面积为 17 737.4hm²，占耕地总面积的 25.9%，四级以下分布很少，总面积仅为 1 305.8hm²，占耕地总面积的 1.9%。

全区土壤有效磷的含量处于中上等水平，大于 40mg/kg 的面积也就是一级、二级的面积是 62 966.2hm²，占耕地总面积的 93.38%。小于 20 mg/kg 的面积也就是四级、五级、六级的面积，只占总面积为 5 534.33hm²，占耕地总面积的 6.62%。

速效钾含量很高，没有严重缺钾的耕地，岭南生态农业示范区耕地土壤有效锌含量平均 1.72mg/kg，变化幅度在 0.24 ~ 5.62mg/kg。

（二）微量元素

土壤微量元素虽然作物需求量不大，但它们同大量元素一样，在植物生理功能上是同样重要和不可替代的，微量元素的缺乏不仅会影响作物生长发育、产量和品质，而且会造成一些生理性病害。如缺锌导致玉米"花白病"和水稻赤枯病。因现在耕地地力调查和质量评价中把微量元素作为衡量耕地地力的一项重要指标。以下为这次调查耕地土壤微量元素情况。

按照新的土壤有效锌分级标准耕地有效锌含量在 1.00 ~ 3.00 mg/kg，90% 耕地土壤有效锌含量为中等水平。岭南示范区耕地有效铜含量平均值为 0.82mg/kg，变化幅度在 0.15 ~ 3.15mg/kg；调查样本大部分均大于 0.4 mg/kg 的临界值。根据第二次土壤普查有效铜的分级标准，< 0.1mg/kg 为严重缺铜，0.1 ~ 0.2mg/kg 为轻度缺铜，0.2 ~ 1.0mg/kg 为基本不缺铜，1.0 ~ 1.8mg/kg 为丰铜，> 1.8mg/kg 为极丰。调查的所有样本中全区各类土壤中铜含量适宜。

岭南示范区耕地有效铁平均为 73.4mg/kg，变化值在 12.74 ~ 155.7mg/kg。根据土壤有效铁的分级标准，土壤有效铁 < 2.5mg/kg 为严重缺铁（很低）；2.5 ~ 4.5mg/kg 为轻度缺铁（低）；4.5 ~ 10mg/kg 为基本不缺铁（中等）；10 ~ 20 mg/kg 为丰铁（高）；> 20mg/kg 为极丰（很高）。在调查样本中，大部分土壤有效铁含量均高于临界值 2.5 mg/kg，也高于丰铁最低值 10 mg/kg，说明岭南生态农业示范区耕地土壤有效铁属丰富级。

全区耕地有效锰平均值为 43.83mg/kg，变化幅度在 9.7 ~ 137mg/kg，根据土壤有效锰的分级标准，土壤有效锰的临界值为 5.0 mg/kg（严重缺锰，很低），大于 15 mg/kg 为丰富。调查样本中 92% 大于 15 mg/kg 丰富级，说明岭南示范区耕地土壤中有效锰属丰富级。

二、施肥情况调查结果与分析

以下为这次调查农户肥料施用情况，共计调查 1 500 户农民。在我们调查 1 500 户农户中，只有 10 户施用有机肥，岭南生态农业示范区 2005 年每公顷平均施用化肥纯养分量：130kg，其中，纯氮肥 24kg/hm²，主要来自尿素、复合肥和二铵，纯磷肥 44kg/hm²，主要来自二铵和复合肥，纯钾肥 26kg/hm²，主要来自复合肥和硫酸钾、氯化钾等，岭南生态农业示范区总体施肥水平不高，比例 0.52：1：0.44，磷肥和钾肥的比例有较大幅度的提高，但与科学施肥比例相比还有一定的差距。

从肥料品种看，岭南生态农业示范区的化肥品种已由过去的单质尿素、二铵、钾肥向高浓度复合肥、长效复合（混）肥方向发展，复合肥比例已上升到 48% 左右。在调查的 150 户农户中 63% 的农户能够做到氮、磷、钾搭配施用，17% 的农户主要使用二铵、尿素。

从不同施肥区域看，大豆、马铃薯、杂粮高产区域，整体施肥水平也较高，平均公顷施肥量：110kg，纯氮 24kg、纯磷 51.8kg、纯钾 29kg，氮、磷、钾施用比例：0.45：1：0.42。低产区施肥水平也相对较低，平均公顷施肥量 67kg，纯氮 13kg、纯磷 30kg、纯钾 20kg，氮、磷、钾施用比例 0.24：1：0.53，只要合理调整好施肥布局和施肥结构，仍有一定的增产潜力。

第四节　耕地土壤养分与肥料施用存在的问题

一、耕地土壤养分失衡

这次调查表明，岭南生态农业示范区耕地土壤中大量营养元素有所改善，土壤有效磷和碱解氮的增幅比较大，特别是土壤有效磷增加的幅度最大，这有利于土壤磷库的建立。另外，这次调查表明土壤有效铜含量在 1mg/kg 以下的占 15%，因此应重视铜肥的施用。

二、重化肥轻农肥的倾向严重，有机肥投入少、质量差

目前，农业生产中普遍存在着重化肥轻农肥的现象，过去传统的积肥方法已不复存在。由于农村农业机械的普及提高，有机肥源相对集中在少量养殖户家中，这势必造成农肥施用的不均衡和施用总量的不足，在农肥的积造上，由于没有专门的场地，农肥积造过程基本上是露天存放，风吹雨淋势必造成养分的流失，使有效养分降低，影响有机肥的施用效果。

三、化肥的使用比例不合理

随着高产密植品种的普及推广，化肥的施用量逐年增加，但施用化肥数量并不是完全符合作物生长所需，化肥投入不合理，造成了 N、P、K 比例不平衡。加之施用方法不科学，特别是有些农民为了省工省时，未从耕地土壤的实际情况出发，实行一次性施肥不追肥，这样在保水保肥条件不好瘠薄性地块，容易造成养分流失、脱肥，尤其是氮肥流失严重，降低肥料的利用率，作物高产限制因素未消除，大量的化肥投入并未发挥出群体增产优势，高投入未能获得高产出。因此，应根据岭南生态农业示范区各土壤类型的实际情况，有针对性地制定新的施肥指导意见。

四、平衡施肥服务应进一步加强

平衡施肥技术已经推广了多年，并已形成一套比较完善的技术体系，但在实际应用过程中，技术推广与物资服务相脱节，购买不到所需肥料，造成平衡施肥难以发挥应有的科技优势。而我们在现有的条件下不能为农民提供测、配、产、供、施配套服务。今后我们要探索一条方便快捷、科学有效的技物相结合的服务体系。

第五节　平衡施肥规划和对策

一、平衡施肥规划

依据《耕地地力评价规程》，岭南生态农业示范区基本农田保护区耕地分为 4 个等级（表 3-9）。

表 3-9　各级耕地面积统计　　　　　　　　　　　　（单位：hm²）

地力分级	土壤面积	占基本土壤面积（%）
一级	14 724.18	21.5
二级	20 100.76	29.34
三级	18 475.14	26.97
四级	15 200.5	22.19

根据各类土壤评等定级标准，把岭南生态农业示范区各类土壤划分为 3 个耕地类型。

一是高肥力土壤：包括一级地。

二是中肥力土壤：包括二级地和三级地。

三是低肥力土壤：包括四级地。

根据3个耕地土壤类型制定岭南生态农业示范区平衡施肥总体规划。

1. 马铃薯平衡施肥技术

根据岭南生态农业示范区耕地地力等级、马铃薯种植方式、产量水平及有机肥使用情况，确定岭南生态农业示范区马铃薯平衡施肥技术指导意见（表3-10）。

表3-10 马铃薯不同土壤类型施肥模式 （单位：kg、kg/hm²）

地力等级		目标产量	有机肥	N	P_2O_5	K_2O	N、P、K 比例
高肥力	1	30 000	14 000	50	45	60	1：0.90：1.2
中肥力	2	26 250	14 500	45	40	55	1：0.89：1.22
	3	22 500	14 000	50	40	60	1：0.80：1.2
低肥力	4	18 750	16 000	45	40	55	1：0.89：1.22
	5	15 000	16 000	50	45	60	1：0.90：1.2

在马铃薯肥料施用上，提倡底肥和追肥相结合。氮肥：全部氮肥的1/3做底肥，2/3做追肥。磷肥：全部磷肥做底肥。钾肥：做底肥。

2. 大豆平衡施肥技术

根据岭南生态农业示范区耕地地力等级、大豆种植方式、产量水平及有机肥使用情况，确定岭南生态农业示范区大豆平衡施肥技术指导意见（表3-11）。

表3-11 大豆不同土壤类型施肥模式 （单位：kg、kg/hm²）

地力等级		目标产量	有机肥	N	P_2O_5	K_2O	N、P、K 比例
高肥力	1	2 500	15 000	35	50	30	1：1.43：0.86
中肥力	2	2 250	14 500	40	55	35	1：1.38：0.88
	3	2 000	14 000	40	60	35	1：1.50：0.88
低肥力	4	1 750	16 000	45	60	35	1：1.33：0.78

在大豆肥料施用上，提倡底肥和追肥相结合。氮肥：全部氮肥的2/3做底肥，1/3做追肥。磷肥：全部磷肥做底肥。钾肥：做底肥，施用有机肥很难，可以由秸秆还田来补充不足。

二、平衡施肥对策

岭南生态农业示范区通过开展耕地地力评价、施肥情况调查和平衡施肥技术，总结岭南生态农业示范区总体施肥概况为：总量偏高、比例失调等，方法不尽合理。具体表现在氮肥、磷肥投入偏高，钾肥和微量元素肥料相对不足。根据岭南生态农业示范区农业生产实践和科学合理施用的总的原则，提出"调氮、稳磷、增钾和补微"的施肥模式，围绕种植业生产制定出平衡施肥的相应对策和措施。

（一）增施优质有机肥料，保持和提高土壤肥力

积极倡导绿色产业观念，引导农民转变观念，从农业生产的可持续发展角度出发，加大有机肥积造数量，提高有机肥质量，扩大有机肥施用面积。一是在根茬还田的基础上，逐步实现高留茬还田，增加土壤有机质含量。二是大力发展畜牧业，通过过腹还田，补充、增加堆肥、沤肥数量，提高肥料质量。三是大力推广畜禽养殖场，将粪肥工厂化处理，发展有机复合肥生产，实现有机肥的产业化、商品化市场。四是针对不同类型土壤制定出不同的技术措施，并对这些土壤进行跟踪检测，建立技术档案，适时跟踪和观测土壤养分的动态变化。

（二）加快平衡施肥项目向纵深发展

推广平衡施肥技术，关键在技术和物资的配套服务，解决有方无肥、有肥不专的问题，因此要把平衡施肥技术落到实处，必须实行"测、配、产、供、施"一条龙服务，通过配肥站的建立，生产出各施肥区域所需的专用型肥料，农民依据配肥站贮存的技术档案购买到自己所需的配方肥，确保技术实施到位。

（三）制定和实施耕地保养的长效机制

在《黑龙江省基本农田保护条例》的基础上，尽快制定出适合当地农业生产实际、能有效保护耕地资源、提高耕地质量的地方性政策法规，建立科学耕地养护机制，使耕地发展利用向良性方向发展。

第三章 作物适宜性评价

第一节 大豆适宜性评价

大豆是岭南生态农业示范区第一大作物，面积保持在 4 万 hm² 左右，大豆适应性广，耐瘠薄。大豆在不同的土壤上表现不一样，差异明显，因此，适宜性评价时将土壤 pH 值的差异加大，其余指标与地力评价指标相同。

一、评价指标的标准化

（一）pH 值（数值型）
1. 专家评估（表 3-12）

表 3-12   pH 值隶属函数评估

pH 值	4.50	5.00	5.50	6.00	6.50	7.00	7.5
隶属度	0.45	0.60	0.73	0.84	0.95	1.00	0.80

2. 建立建立函数（图 3-1）

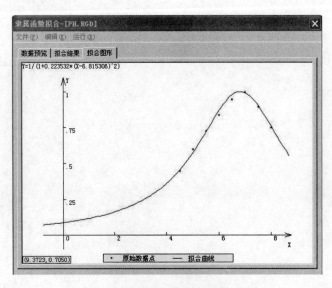

图 3-1   大豆 pH 值隶属函数曲线

（二）有效积温（数值型）

1. 专家评估（表3-13）

表3-13　有效积温隶属函数评估

≥10℃有效积温	1 850	1 900	1 950	2 000	2 050
隶属度	0.41	0.55	0.75	0.9	1

2. 建立建立函数（图3-2）

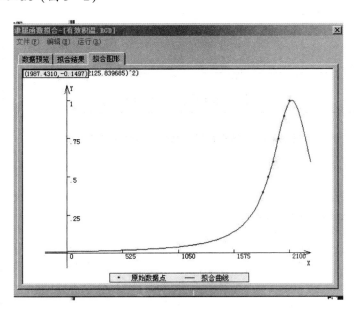

图3-2　大豆有效积温隶属函数曲线

（三）有机质

1. 专家评估（表3-14）

表3-14　有机质隶属度评估

有机质	10	20	30	40	50	60
隶属度	0.45	0.65	0.8	0.91	0.98	0.1

2. 建立隶属函数（图3-3）

（四）有效磷

1. 专家评估（表3-15）

表3-15　有效磷隶属度评估

有效磷（mg/kg）	10	20	30	40	50	60	80	100
隶属度	0.3	0.40	0.5	0.62	0.75	0.87	0.98	1.00

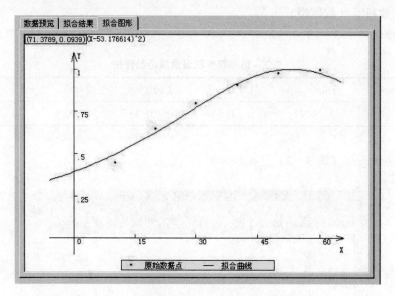

图 3-3　土壤有机质隶属函数曲线图（戒上型）

2. 建立隶属函数（图 3-4）

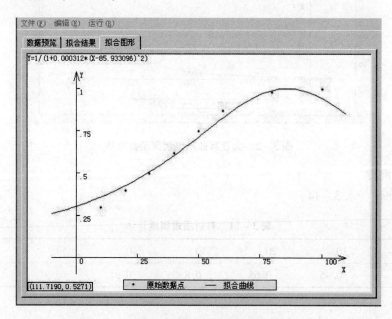

图 3-4　土壤有效磷隶属函数曲线图（戒上型）

（五）速效钾

1. 专家评估（表 3-16）

表 3-16　速效钾隶属度评估

速效钾（mg/kg）	50	100	150	200	250	300	350	400
隶属度	0.44	0.58	0.70	0.8	0.88	0.94	0.98	1.00

2. 建立隶属函数（图 3 - 5）

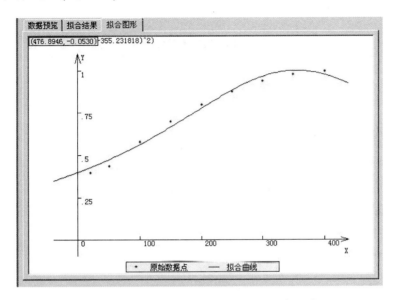

图 3 - 5 土壤速效钾隶属函数曲线图（戒上型）

（六）有效锌（数值型）

1. 专家评估（表 3 - 17）

表 3 - 17 土壤有效锌隶属函数评估

有效锌 mg/kg	0.1	0.5	1.0	1.5	2.0	2.5	3.5
隶属度	0.3	0.4	0.55	0.70	0.85	0.95	1.00

2. 建立函数（图 3 - 6）

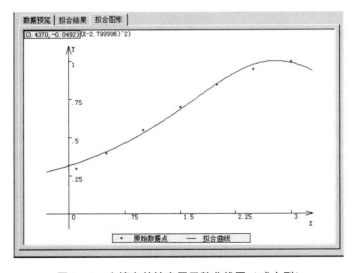

图 3 - 6 土壤有效锌隶属函数曲线图（戒上型）

（七）坡向

专家评估（表3-18）。

表3-18　坡向隶属度评估

坡向	东	南	西	北	东南	西南	平地
隶属度	0.6	0.95	0.7	0.2	0.8	0.45	1

（八）障碍层类型

专家评估（表3-19）。

表3-19　障碍层类型隶属度评估

障碍层类型	沙砾层	沙漏层	黏盘层
隶属度	0.3	0.3	1

（九）地形部位

专家评估（表3-20）。

表3-20　地形部位隶属度评估

分类编号	地形部位	隶属度
1	冲积平原－低平地	0.8
2	低丘缓坡	0.5
3	低山顶部	0.3
4	低山丘陵上部	0.4
5	低山丘陵下部	0.6
6	低山丘陵中部	0.5
7	蝶形洼地	0.5
8	岗丘缓坡地	0.6
9	高河漫滩	0.3
10	河谷两岸阶地	0.9
11	河谷平原－高平地	0.95
12	河谷平原－平地	1
13	河滩地、河谷水线	0.3
14	河漫滩地、山间洼地	0.2
15	河滩水线	0.1
16	平顶山、漫岗上部	0.6
17	坡状平原	0.85
18	坡状平原上部	0.7
19	坡状平原中部	0.75

二、确定指标权重

采用层次分析法确定每一个评价因素对耕地综合地力的贡献大小。

构造评价指标层次结构图

根据各个评价因素间的关系，构造了以下层次结构表 3 - 21、表 3 - 22，图 3 - 6。

表 3 - 21　岭南生态农业示范区耕地地力评价层次分析模型

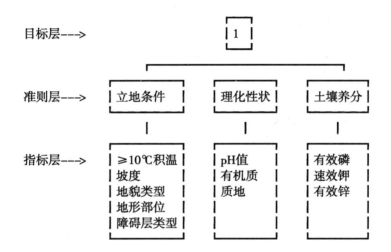

目标层判别矩阵原始资料：

1. 0000	2. 0000	3. 3333
0. 5000	1. 0000	2. 0000
0. 3000	0. 5000	1. 0000

特征向量：〔0. 5511，0. 2931，0. 1558〕
最大特征根为：3. 0037
$CI = 1.84627011478367E - 03$
$RI = .58$
$CR = CI/RI = 0.00318322 < 0.1$
一致性检验通过！

准则层（1）判别矩阵原始资料：

1. 0000	3. 3333	1. 2500	1. 6667	2. 5000
0. 3000	1. 0000	0. 3333	0. 5000	1. 0000
0. 8000	3. 0000	1. 0000	1. 6667	3. 3333
0. 6000	2. 0000	0. 6000	1. 0000	2. 0000
0. 4000	1. 0000	0. 3000	0. 5000	1. 0000

特征向量：〔0. 3142，0. 0969，0. 2974，0. 1900，0. 1015〕
最大特征根为：5. 0206
$CI = 5.14648525245254E - 03$
$RI = 1.12$
$CR = CI/RI = 0.00459508 < 0.1$
一致性检验通过！

（续表）

准则层（2）判别矩阵原始资料：

1.0000	0.6667	1.6667
1.5000	1.0000	2.5000
0.6000	0.4000	1.0000

特征向量：[0.3226，0.4839，0.1935]

最大特征根为：3.0000

$CI = 1.16665759275492E - 05$

$RI = .58$

$CR = CI/RI = 0.00002011 < 0.1$

一致性检验通过！

准则层（3）判别矩阵原始资料：

1.0000	2.0000	3.3333
0.5000	1.0000	1.0000
0.3000	1.0000	1.0000

特征向量：[0.5602，0.2384，0.2014]

最大特征根为：3.0291

$CI = 1.45638672472772E - 02$

$RI = .58$

$CR = CI/RI = 0.02511012 < 0.1$

一致性检验通过！

层次总排序一致性检验：

$CI = 5.10878759756186E - 03$

$RI = .877593536206582$

$CR = CI/RI = 0.00582136 < 0.1$

总排序一致性检验通过！

层次分析结果

	层次 A	层次 C 立地条件 0.5511	理化性状 0.2931	土壤养分 0.1558	组合权重 $\sum CiAi$
≥10℃ 积	0.3142				0.1731
坡度	0.0969				0.0534
地貌类型	0.2974				0.1639
地形部位	0.1900				0.1047
障碍层类型	0.1015				0.0559
pH 值		0.3226			0.0945
有机质		0.4839			0.1418
质地		0.1935			0.0567
有效磷			0.5602		0.0873
速效钾			0.2384		0.0371
有效锌			0.2014		0.0314

本报告由《县域耕地资源管理信息系统 V3.2》分析提供

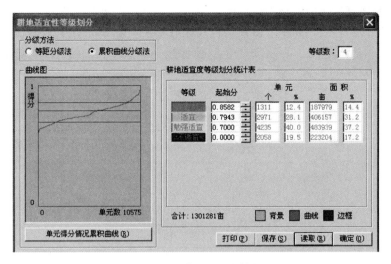

图 3 - 6　大豆耕地适宜性等级划分

表 3 - 22　大豆适宜性指数分级

地力分级	地力综合指数分级（IFI）
高度适宜	0. 8582
适　　宜	0. 7943 ~ 0. 8582
勉强适宜	0. 7000 ~ 0. 7943
不　适　宜	> 0

第二节　评价结果与分析

这次大豆适宜性评价将全区耕地划分为 4 个等级：高度适宜耕地 9 864. 16hm²，地块个数为 1 311 个，占全区耕地总面积的 14. 4%；适宜耕地 21 372. 18hm²，地块个数为 2 971 个，占全区耕地总面积 31. 2%；勉强适宜耕地 25 482. 22hm²，地块个数为 4 235 个，占全区耕地总面积的 37. 2%。不适宜耕地面积 11 782. 10hm²，地块个数为 2 058 个，占全区耕地总面积的 17. 2%（表 3 - 23）。

表 3 - 23　不同大豆适宜性耕地地块数及面积统计　　　　　　　　（单位：hm²）

适应性	地块个数	面积	所占比例（%）
高度适宜	1 311	9 864. 08	14. 4
适宜	2 971	21 372. 18	31. 2
勉强适宜	4 235	25 482. 22	37. 2
不适宜	2 058	11 782. 10	17. 2
合计	10 575	68 500. 58	100. 00

从大豆不同适宜性耕地的地力等级的分布特征来看，耕地等级的高低与地形部位、土壤类型及土壤质地密切相关。高中产耕地从行政区域看，主要分布在古里河管理区、中兴管理区这些地区土壤类型以黑土、草甸土为主，地势较平缓低平，坡度一般不超过3°；低产土壤则主要分布在西部、北部、南部的一部分地区，主要是土层薄，大部分地块在背阴山坡上，虽然地处同一个积温带，但是地温低，对作物生长发育不利（表3-24）。

表3-24 大豆不同适宜性耕地相关指标平均值 （单位：mg/kg）

适宜性	有机质	有效锌	速效钾	有效磷	pH值
高度适宜	71.28	2.09	329.18	78.37	6.08
适宜	68.49	1.61	322.74	80.91	6.05
勉强适宜	70.45	1.67	306.09	68.55	5.93
不适宜	68.03	1.56	297.27	58.23	5.85

一、高度适宜

全区大豆高度适宜耕地总面积9 864.08hm²，占全区耕地总面积的14.4%，主要分布在古里河管理区和中兴管理区，土壤类型以黑土和草甸土为主（表3-25）。

表3-25 大豆高度适宜耕地相关指标统计 （单位：mg/kg、g/kg）

指标	平均	最大	最小
有机质	71.28	92.1	23.4
有效锌	2.09	8.94	0.24
速效钾	280.18	295	65.3
有效磷	58.37	130	34.56
pH值	6.08	7.0	6.01

大豆高度适宜耕地所处地形相对平缓，侵蚀和障碍因素很小。耕层各项养分含量高。土壤结构较好，质地适宜，一般为重壤土。容重适中，土壤大都呈偏酸，pH值在6.1~7.0。养分含量丰富，有效锌平均2.09mg/kg，有效磷平均58.37mg/kg，速效钾平均280.18mg/kg。保水保肥性能较好，有一定的排涝能力。该级地适于种植大豆，产量水平高。

二、适宜

全区大豆适宜耕地总面积21 372.18hm²，占全区耕地总面积31.2%，主要分布在古里河管理区、中兴管理区和沿江管理区地势平坦地块，面积最大为中兴管理区，其他依次古里河管理区和沿江管理区。土壤类型以暗棕壤、黑土为主（表3-26）。

表3-26 大豆适宜耕地相关指标统计 （单位：mg/kg、g/kg）

指标	平均	最大	最小
有机质	66.6	83.3	13.46

（续表）

指标	平均	最大	最小
有效锌	1.75	5.74	0.07
速效钾	226	292	45
有效磷	43.7	121	33
pH 值	6.8	7.7	6.1

大豆适宜地块所处地形平缓，侵蚀和障碍因素小。各项养分含量较高。质地适宜，一般为壤土。容重适中，土壤大都呈中性至微酸性，pH 值在 6.1～7.7。养分含量较丰富，有效锌平均 1.75mg/kg，有效磷平均 43.7mg/kg，速效钾平均 226mg/kg，有机质为 66.6g/kg，保肥性能好，该级地适于种植大豆，产量水平较高。

三、勉强适宜

全区大豆勉强适宜耕地总面积 25 482.22hm²，占全区耕地总面积的 37.2%，主要分布在沿江管理区和大子杨山管理区以及其他管理区的部分地块，土壤性状较差，耕层较薄，土壤类型沼泽土和暗棕壤为主，产量水平较低（表 3－27）。

表 3－27　大豆勉强适宜耕地相关指标统计　　　　（单位：mg/kg、g/kg）

指标	平均	最大	最小
有机质	58.8	96.8	15.7
有效锌	1.71	5.61	0.16
速效钾	220.3	300	62
有效磷	32.4	117	9
pH 值	5.6	6.7	5.0

大豆勉强适宜地块所处地形低洼，侵蚀和障碍因素大。各项养分含量偏低。质地较差，一般为重壤土或沙壤土。土壤呈微酸，pH 值在 5.0～6.7。养分含量较低，有效锌平均 1.71mg/kg，有效磷平均 32.4mg/kg，速效钾平均 220mg/kg。该级地勉强适于种植大豆，产量水平较低。

四、不适宜

不适宜耕地面积 11 782.10hm²，占全区耕地总面积的 17.2%，主要分布在大子杨山管理区、甘多管理区和古里河管理区的部分低洼冷凉地块，土壤类型以沼泽土和草甸土为主，土壤性状差（表 3－28）。

表 3－28　大豆不适宜耕地相关指标统计　　　　（单位：mg/kg、g/kg）

指标	平均	最大	最小
有机质	50.9	98.5	24.74

（续表）

指标	平均	最大	最小
有效锌	1.89	9.29	0.94
速效钾	180	300	86
有效磷	39.4	109	33.22
pH 值	6.6	6.9	5.9

大豆不适宜地块所处地形低洼地区，侵蚀和障碍因素大。各项养分含量低。土壤大都呈中性或碱性，pH 值在 5.9~6.9。养分含量较低，有效锌平均 1.89mg/kg，有效磷平均39.4mg/kg，速效钾平均 180mg/kg。该级地不适于种植大豆，产量水平低。

第四章 岭南生态农业示范区耕地地力调查与种植业布局

一、概况

岭南生态农业示范区第二次土壤普查至今已 20 多年，在此期间随着农村经营体制改革和耕作制度、作物品种、种植结构、产量水平、肥料和农药的使用等情况的显著变化，导致全区耕地土壤肥力出现相应的改变。为此，岭南生态农业示范区开展耕地地力与种植业布局专题调查，目的是为摸清岭南生态农业示范区耕地地力情况，合理调整农业种植业结构。同时，对提高全区耕地保护与管理水平、指导培肥地力、发展有机农业、发展无公害绿色农产品生产和农业可持续发展均具有重要的指导意义。

岭南生态农业示范区是大兴安岭商品粮基地，种植作物以大豆、小麦、马铃薯为主，现有耕地面积 6 500hm² 公顷。其中，大豆年播种面积保持在 40 000hm² 以上，占全区总播种面积的 60%。进入 20 世纪 90 年代以后，粮食产量连续大幅度增长，到 2008 年全区粮食总产达到 8.9 万 t。其中优化种植业布局是促使粮食增产的主要因素之一。近几年来，岭南生态农业示范区以稳大豆、马铃薯、提高经济作物的播种面积为重点，合理调整产业布局，为实现农业增产、农民增收奠定基础。

二、开展专题调查的背景

（一）岭南生态农业示范区种植业布局的发展

岭南生态农业示范区种植作物已有 20 多年的历史，从种植业布局来看，大致可分为 3 个阶段。

（1）开发初期，耕地主要依靠自主经营，主要栽培作物有大豆、小麦、杂粮等，作物产量不高，没有实现合理轮作。

（2）20 世纪 90 年代，土地的耕作方式有所改变，种植业布局有所改变，以粮食作物和经济作物为主，在一定程度上能够做到合理轮作，提高粮食产量。

（3）2004 年至今，随着国家惠农政策落实，测土配方施肥项目的实施等一系列农业新技术得到广泛应用，岭南生态农业示范区农业生产出现前所未有的新局面，作物品种呈现多元化，以粮、经、饲为主要的种植结构模式，粮食产量也大有了幅度的提高。2009 年岭南生态农业示范区粮食总产量达到了 8.46 万 t，2010 年达到 17.65 万 t，实现了粮食生产的跨越式发展。

由此可以看出，改善耕地质量是提高粮食产量的重要基础。

（二）开展专题调查的必要性

耕地是作物生长基础，了解耕地土壤的地力状况以实现作物合理布局，可以达到粮食增产、农民增收的目的。因此，开展耕地地力调查，查清耕地的各种营养元素的状况，做出作物适宜性评价结果图，以便有针对性的根据土壤养分状况种植作物，对进一步提高粮食产量、改善作物品质、促进农业可持续发展有着重要的意义。

开展耕地地力调查，调整种植业结构，提高土壤养分利用率，是增加农民收入的需要。有针对性的种植作物，避免盲目施肥，节约资金，降低成本，以期达到因地种植，因品种施肥，是实现农业增收的前提和保证。

粮食安全不仅关系到经济发展和社会稳定，还具有深远的政治意义。近几年来，我国一直把粮食安全作为各项工作的重中之重，随着经济和社会的不断发展，耕地逐渐减少和人口不断增加的矛盾将更加激烈，21世纪人类将面临粮食等农产品不足的巨大压力。因此，开展耕地地力调查为合理调整种植业结构、为提高土壤养分利用率和粮食的持续稳产和高产提供了可靠依据。

三、调查方法与内容

采用耕地地力调查与测土配方施肥工作相结合，依据《全国耕地地力评价技术规程》规定的程序及技术路线实施的，利用岭南生态农业示范区归并土种后的数据的土壤图、基本农田保护图和土地利用现状图叠加产生的图斑作为耕地地力调查的调查单元。岭南生态农业示范区基本农田面积为 68 500.53 hm² （根据 2010 年土地利用现状图统计），样点布设基本覆盖了全区主要的土壤类型。土样采集是在作物成熟收获后进行的。在选定的地块上进行采样，每 75 hm² 地布一个点，采样深度为 0~20 cm，每块地根据地块面积大小选取 7~15 个点混合一个样，用四分法留取土样 1 kg 做化验分析，并用 GPS 进行定位。

四、调查结果与分析

（一）调查结果

这次耕地地力调查和质量评价将全区基本土壤划分为四个等级：一级地 14 724.18 hm²，占 21.5%；二级地 20 100.76 hm²，占 29.34%；三级地 18 475.14 hm²，占 26.97%；四级地 15 200.5 hm²，占 22.19%；一级地属高产田土壤，二级、三级为中产田土壤，四级为低产田土壤，按照《全国耕地类型区耕地地力等级划分标准》进行归并，现有国家六级、七级、八级地，其中，六级面积 14 724.18 hm²，占耕地面积 21.5%，七级地 38 575.9 hm²，占耕地面积 56.31%；八级地面积 15 200.5 hm²，占耕地面积 22.19%（表 3-29 至表 3-31）。

表 3-29　土壤地力分级统计　　　　　　　　　　　　　（单位：hm²、kg/hm²）

地力分级	耕地面积	占耕地面积（%）	产量
一级	14 724.18	21.5	≥6 000
二级	20 100.76	29.34	5 500~6 000
三级	18 475.14	26.97	4 500~5 500
四级	15 200.5	22.19	3 000~4 500

表 3 - 30 耕地地力（国家级）分级统计 （单位：hm²、kg/hm²）

地力分级	耕地面积	占耕地面积（%）	产量
六级	14 724.18	21.5	6 000 ~ 7 500
七级	38 575.9	56.21	4 500 ~ 6 000
八级	15 200.5	22.19	3 000 ~ 4 500

表 3 - 31 地力评价化验结果 （单位：g/kg、mg/kg）

土壤类型	有机质	碱解氮	速效钾	有效磷
暗棕壤	62.01	282.60	244.07	50.48
黑土	62.90	283.60	248.62	51.78
草甸土	61.97	272.98	245.34	47.84
沼泽土	63.27	285.29	244.98	48.93

由表 3 - 31 可以看出：暗棕壤、草甸土的养分含量比黑土和沼泽土有机质含量稍低，草甸土的碱解氮和有效磷的含量最低，黑土各养分含量比较高，是比较好的耕作土壤。

（二）调查分析

表 3 - 32 1984 年与 2010 年土壤养分平均含量对比 （单位：g/kg、mg/kg）

年份	有机质	全氮	碱解氮	有效磷	速效钾	pH 值
1984	70.1	3.45	288.4	49.45	244.6	5.85
2010	62.01	3.6	281.12	49.8	244.49	5.97

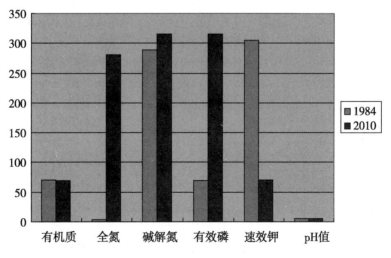

图 3 - 7 1984 年与 2010 年土壤养分平均含量对比

从表 3 - 32，图 3 - 7 中可以看出，这次耕地地力调查与第二次土壤普查结果相比较，土壤养分状况发生了明显的变化：全区土壤碱解氮平均值为 281.12mg/kg，比 1984 年的 288.4mg/kg 下降了 7.3mg/kg，全区土壤有效磷平均值与 1984 年相比无明显变化，全区土壤速效钾平均值与1984年相比有所增加，全区土壤pH值平均值与1984年相比有所增加，土壤酸碱度向微酸性方向发展；全区土壤有机质为62.9/kg，比84年的70.1/kg下降了7.2g/kg。

五、岭南生态农业示范区种植业布局

种植业是岭南生态农业示范区农业生产中的主要部分，综观岭南生态农业示范区近几年种植业的发展，从整体上来看，粮豆薯作物面积基本稳定，经济作物面积有所增加，各类作物的产量保持增长，种植业的产值在农业中的比重有所上升，劳动生产率和土地产出率有所提高。粮食类的加工率偏低，经济作物类商品率高，销售途径不断扩大，经营上向规模化和产业化方向发展。为适应加入世贸组织新形势，不断提高农产品竞争能力，调整种植业结构，促进农业和农村经济的持续发展。

2004年，岭南生态农业示范区粮豆薯面积为32 300hm²。种植的作物种类较多，有大豆、小麦、马铃薯等粮食作物。2011年岭南生态农业示范区粮豆薯面积为68 400hm²。

根据本次地力评价结果及作物适宜性评价结论，我们建议进行以下作物布局调整，在种植业结构调整中应以品种调优、规模调大、效益调高等方式为主。作物布局调整如下：

（一）大豆

大豆是岭南生态农业示范区主栽作物，近几年受国家政策和市场的影响，销路顺畅，是农民收入的主要来源之一。同时，大豆又是发展畜牧业的重要饲料，对稳固大豆播种面积，促进畜牧业的健康发展起到了积极作用。根据耕地地力评价结果，全区大豆高度适宜耕地总面积8 425.50hm²，占全区耕地总面积的12.3%，大豆适宜耕地面积18 358hm²，占耕地面积的26.8%，主要分布在古里河管理区和中兴管理区，土壤类型以黑土和草甸土为主。大豆高度适宜耕地所处地形相对平缓，侵蚀和障碍因素很小。耕层各项养分含量高。土壤结构较好，质地适宜，一般为重壤土。容重适中，土壤大都呈中性，pH值在5.24～6.92。养分含量丰富，有效锌2.09mg/kg，有效磷平均78.37mg/kg，速效钾平均329.18mg/kg。保水保肥性能较好，有一定的排涝能力。该级地适于种植大豆，产量水平高。

2010年，岭南生态农业示范区大豆播种面积37 446hm²，占耕地总面积的55%。大豆高度适宜和适宜耕地面积为26 738hm²，所以应减少大豆播种面积。选择古里河管理区和中兴管理区的黑土和草甸土耕地，积温和条件较好地块进行播种，总播种面积应控制在30 000hm²左右，以满足轮作的要求。

（二）马铃薯面积

马铃薯面积比较稳定，马铃薯面积受土壤、地形部位、水分等条件的影响，每年马铃薯面积维持在1 133hm²左右，马铃薯高中产土壤主要集中在古里河管理区、甘多管理区、中兴管理区，这一地区土壤类型以草甸土、暗棕壤为主，在地势较缓的平地和平岗地，低产土壤则主要分布在部分地区的山边岗坡地，山底阴坡地，抗旱能力差，冷凉。近几年由于马铃薯种薯种植的带动作用，农户种植马铃薯的经济效益较高，应适当增加马铃薯播种面积，总面积控制在3 000～5 000hm²比较适宜。

（三）杂粮作物应保持一定的面积

随着人们生活水平的提高，以玉米为主的杂粮，杂豆，药材备受城乡居民的青睐。目前，人们对这类作物的需求增加，随着近几年优质杂粮作物品种和新栽培技术的推广，使杂

粮的产量和品质均有不同程度的提高，加之受市场供不应求影响，粮价的上扬，使农民的种粮效益提高。因此，应保持一定面积的杂粮作物。杂粮作物产量较低，但是效益较高，对土壤环境要求较低，一般地块均可以种植。由于杂粮适应性比较广，对耕地质量要求低，适当选择中低产田耕地种植杂粮，播种面积在 5 000hm² 比较适宜。

（四）加大小麦种植面积

小麦在该区具有极强的适应性，适宜种植的高产小麦品种比较多，高产地块产量常年保持在 6 000 ~ 7 000kg/hm²，经济效益比较可观。小麦种植面积在 25 000hm² 比较适宜。

（五）适当调整经济作物面积及品种

经济作物虽具有较高的经济效益，但经济作物的产量和价格受气候和市场影响非常大，如果播种面积过大，农产品供大于求，常常会造成农民的重大损失。因此，应根据各地的实际情况，结合市场行情，选择在当地有一定优势或发展前景好的作物，如种植杂豆、葵花、药材等经济作物。在围城沿路地区可发展棚室蔬菜的生产，发展节能温室，并要形成一定规模，避免盲目扩大面积，违背市场规律，造成严重损失。

六、种植结构调整存在的问题

（一）有关政策的扶持和保护力度不够

岭南生态农业示范区现行的农业政策在行政措施、经济手段等方面对种植业未能有效的保护和扶持，政府部门对主导产业的发展的经济支持力度十分微薄。

（二）品种结构复杂，主产业不突出

目前，岭南生态农业示范区种植业中以大豆、小麦、马铃薯为主，但没有形成一定的品种规模优势，品种过多过杂，单一品种的面积小。品种过多和分散经营造成岭南生态农业示范区无法形成农业（种植业）品牌，大大地限制了优势的特色产品的发展。

（三）技术水平和技术力量仍然不足

虽然岭南生态农业示范区从事种植业的农艺师以上职称的专业技术人员有 20 多人。但从全区 6 万 hm² 耕地来看，比例仍然偏低，加之辖区面积大，乡村距离较远，农科技人员严重缺乏，整体技术水平偏低。

（四）农产品加工水平落后，流通环节不畅

大豆、小麦、马铃薯是岭南生态农业示范区种植业主要产品，但几乎没有精深加工途径，蔬菜类深加工更是少得可怜。

七、对策与建议

通过开展全区耕地地力评价，基本摸清了全区耕地类型的地力状况及农业生产现状，为岭南生态农业示范区农业发展及种植业结构优化提供了较可靠的科学依据。种植业结构调整除了因地种植外，还要与岭南生态农业示范区的经济、社会发展紧密联系相连。

（一）国民经济和社会发展的需求

随着人民群众生活水平和消费层次不断提高，对自身的生活质量，已由原来的数量满足型向质量提高型转变。大力推进农业和农村经济结构的战略性调整，使农业增效、农民增收已经成为农业和农村的重要任务。因此，种植业生产结构和布局的调整要以市场为导向，按市场定生产，市场需要什么就种什么。大力发展优势农产品，积极发挥当地的自然优势，以

满足人民日益增长的多种物质需要。

（二）依靠科技，提高单产，奠定种植业调整的物质基础

1. "良种良法"配套

积极推进单产水平的提高和专用化生产。选用适用先进科学技术是调整种植结构，发展优质、低耗、高效农业的基础。加速科技进步、加强技术创新，是提高农产品市场竞争力的根本途径。优化结构，促进产业升级，除了解决好品种问题之外，还需要有相应配套的现代农业技术作为支撑。应重点加强与新品种相对应的施肥培肥技术、耕作技术等。为促进主要作物专业化生产和满足不同社会需求，重点是发展高油与高蛋白大豆、高淀粉马铃薯、优质水稻、各种加工专用型与饲用型玉米。

2. 加强标准化生产

从大豆、玉米、马铃薯等重点粮食作物抓起，把先进适用技术综合组装配套，转化成易于操作的农艺措施，让农民看得见，摸得着，学得来，用得上，用生产过程的标准化保证粮食产品质量的标准化。从种子、整地、播种、田间管理、收获和加工等关键环节抓起，快速提高单位面积产量。在有条件的地方，实行粮食的标准化生产，为高标准搞好春耕生产提供了基础和条件。粮食标准化生产的实施要搞好技术培训，加大高产优质高效粮食生产栽培技术的培训力度，确保技术到村、到户、到田间地头。

（三）加强农业基础设施建设，提高农业抵御自然灾害的能力

1. 加强农业基础设施的投入和体制创新

通过加强农业基础设施的投入和体制创新以及增加财政用于农业特别是农田水利设施投资的比例，改变岭南生态农业示范区农田水利基础设施落后的面貌。加强基本农田建设，首先以基本农田建设为重点，改善局部地形条件，拦蓄降雨，减少径流和土壤流失，增加降水就地入渗量，提高保水保土保肥能力。

2. 改良土壤

通过深松、耙精中耕、培施改土、合理轮作等措施，提高土壤有机质。同时使土壤理化性质得以改善，增加土壤储水，提高土壤蓄水保墒能力。不断加大有机肥的投入量，保持和提高土壤肥力。对中低产田可以通过农艺、生物综合措施进行改良，使其逐步变成高产稳产农田。

3. 发展绿色和特色产业

发展绿色和特色产业，提高农产品质量安全水平是调整农业结构的有效途径，不仅是要调整各种农产品数量比例关系，更重要的是要调整农产品品质结构，全面提高农产品质量。减少劣质品种的生产、选择优质品种，探索最佳种植模式等，已成为当前农业结构调整的重点。必须大力发展"优质高效"农业，扩大优质产品在整个农产品中所占的比重，实现农产品生产以大路货产品为主向以优质专用农产品为主的转变。

参考文献

宝音图.1993.中国内蒙古土种志［M］.中国农业出版社.

北京农业大学.1980.农业化学（总论）［M］.中国农业出版社.

大兴安岭地区地方志办公室.2010.大兴安岭统计年鉴［M］.黑龙江人民出版社.

郝桂娟.2010.大兴安岭东麓旱作丘陵区耕地质量演变与可持续利用［M］.中国农业
科学技术出版社.

魏冀西.2004.黑龙江农业技术推广与实践［M］.黑龙江科学技术出版社.

中国农科院南京土壤研究所黑龙江队.1982.黑龙江省与内蒙古自治区东北部土壤资源
［M］.科学出版社.

附　图

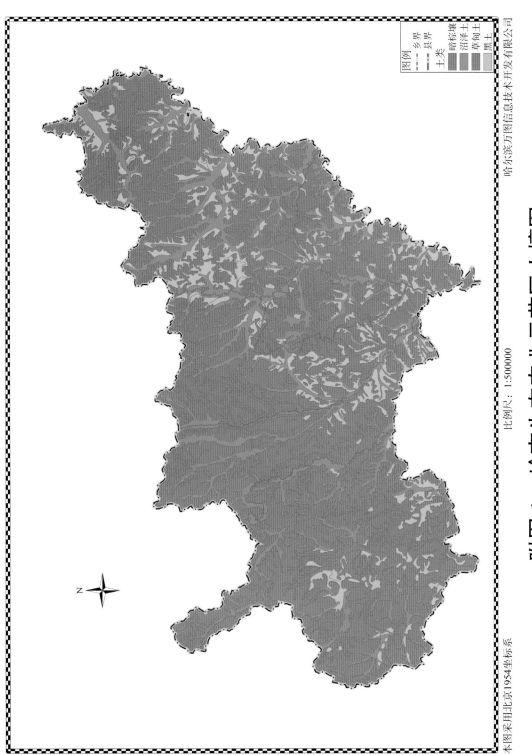

哈尔滨万图信息技术开发有限公司

比例尺：1:500000

本图采用北京1954坐标系

附图 1　岭南生态农业示范区土壤图

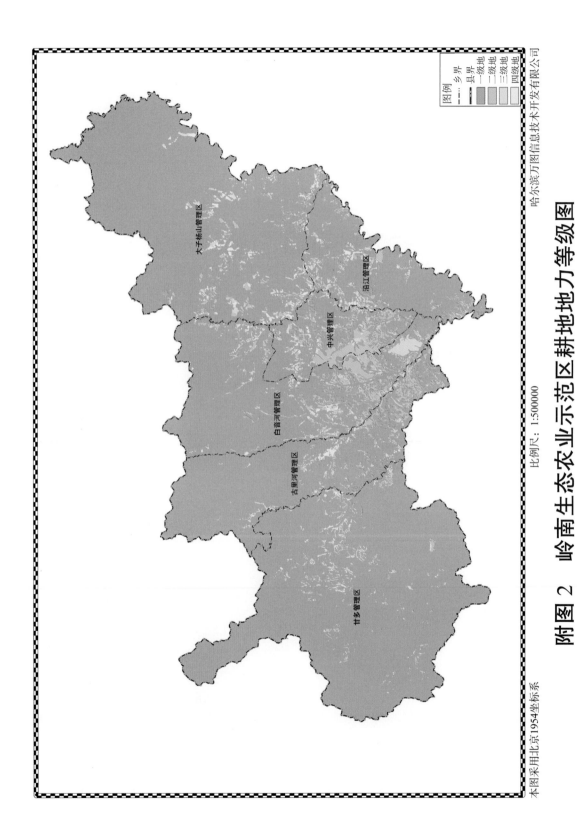

本图采用北京1954坐标系　　　　　　　　比例尺: 1:500000　　　　　　哈尔滨万图图信息技术开发有限公司

附图 2　岭南生态农业示范区耕地地力等级图

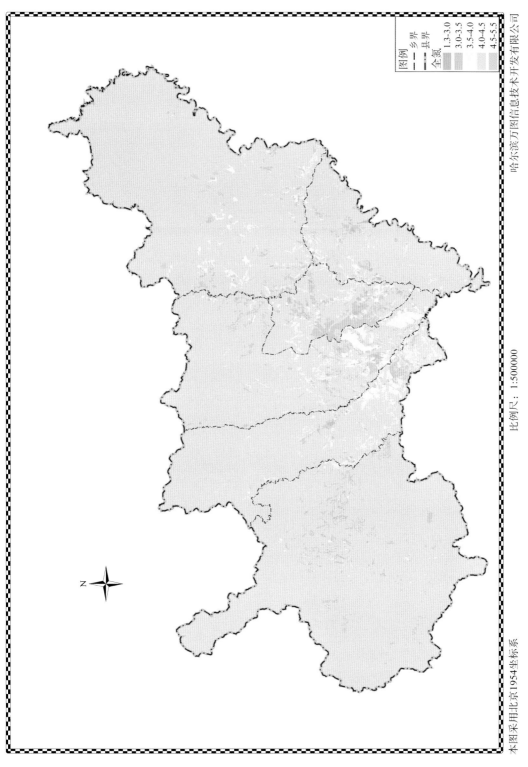

本图采用北京1954坐标系　　　　比例尺：1:500000　　　　哈尔滨万图信息技术开发有限公司

附图 3　岭南生态农业示范区耕地土壤全氮分级图

图例
- - - 乡界
—— 县界
全氮
1.3-3.0
3.0-3.5
3.5-4.0
4.0-4.5
4.5-5.5

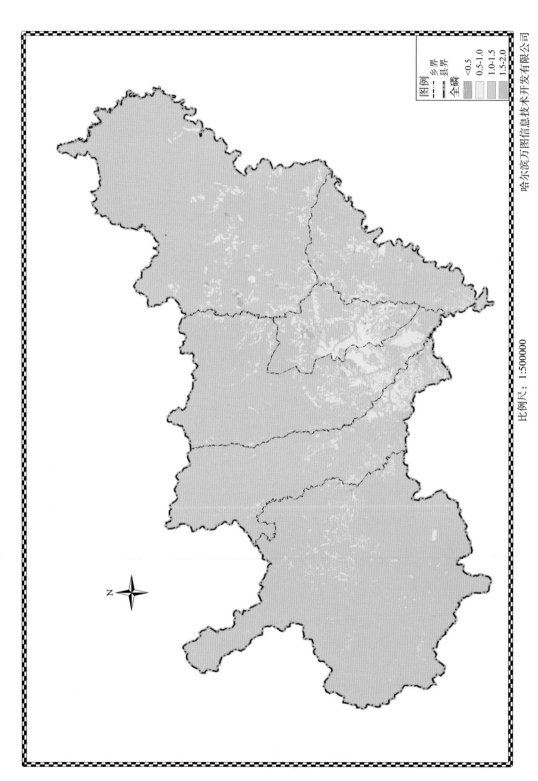

图例
乡界
县界
全磷
<0.5
0.5-1.0
1.0-1.5
1.5-2.0

哈尔滨万图信息技术开发有限公司

比例尺：1:500000

附图 4　岭南生态农业示范区耕地土壤全磷分级图

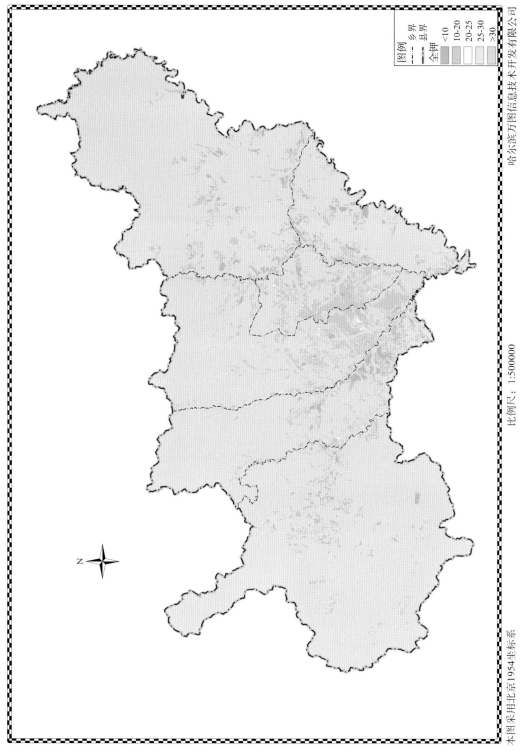

本图采用北京1954坐标系

比例尺：1:500000

哈尔滨万图信息技术开发有限公司

附图 5　岭南生态农业示范区耕地土壤全钾分级图

图例

------ 乡界
—— 县界

全钾
<10
10-20
20-25
25-30
>30

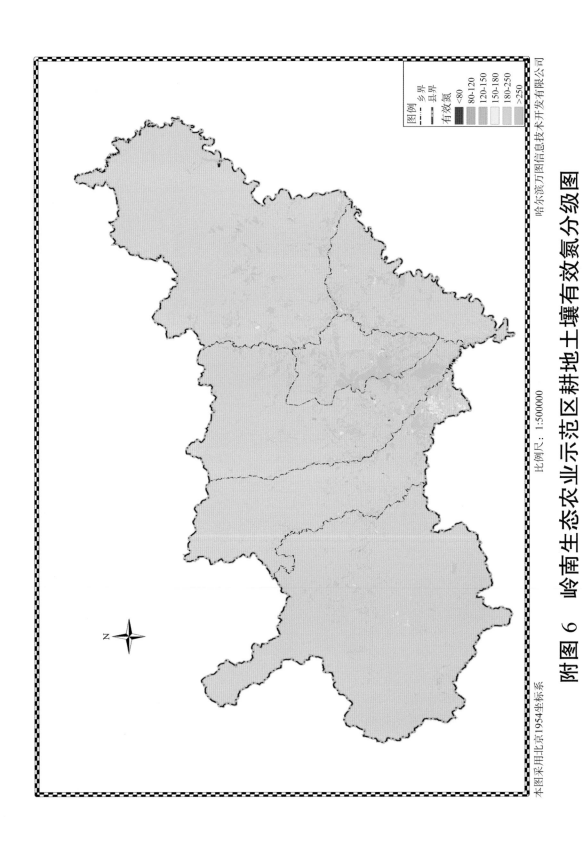

附图 6 岭南生态农业示范区耕地土壤有效氮分级图

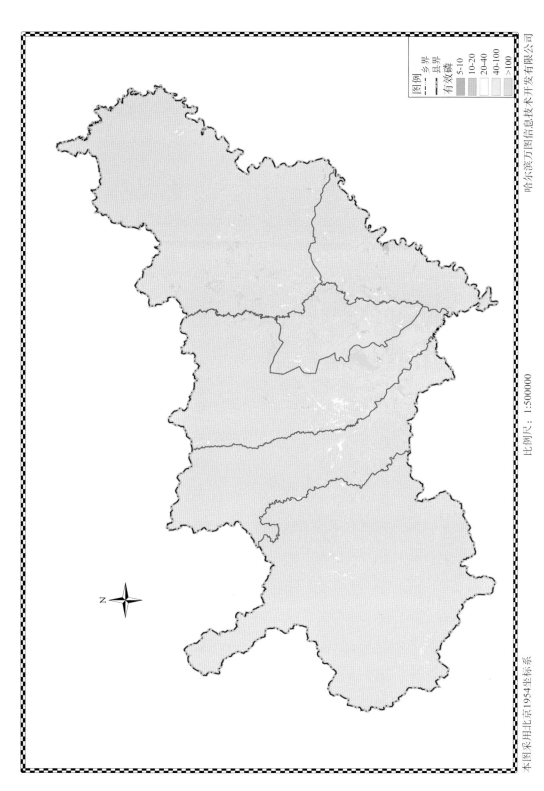

本图采用北京1954坐标系

比例尺：1:500000

哈尔滨万图信息技术开发有限公司

图例
乡界
县界
有效磷
5-10
10-20
20-40
40-100
>100

附图 7　岭南生态农业示范区耕地土壤有效磷分级图

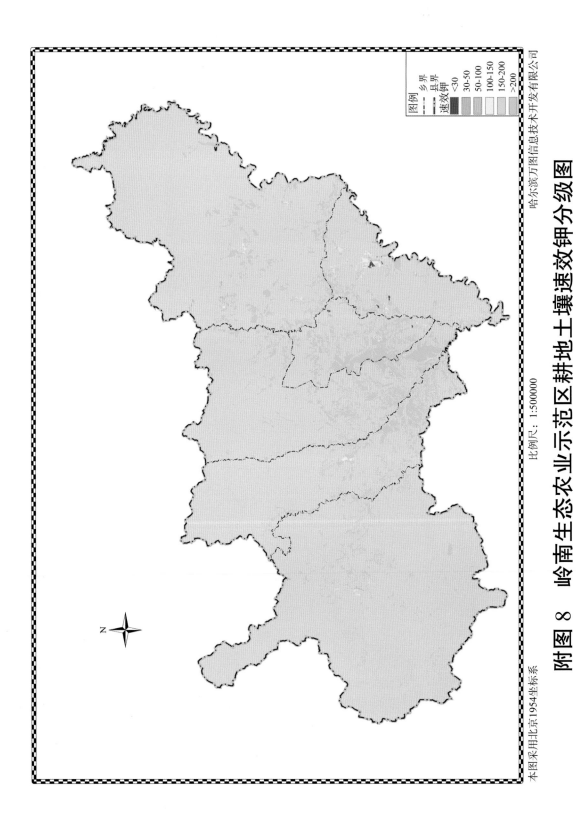

本图采用北京1954坐标系　　　　比例尺：1:500000　　　　哈尔滨万图信息技术开发有限公司

图例
乡界
县界
速效钾
<30
30-50
50-100
100-150
150-200
>200

附图 8　岭南生态农业示范区耕地土壤速效钾分级图

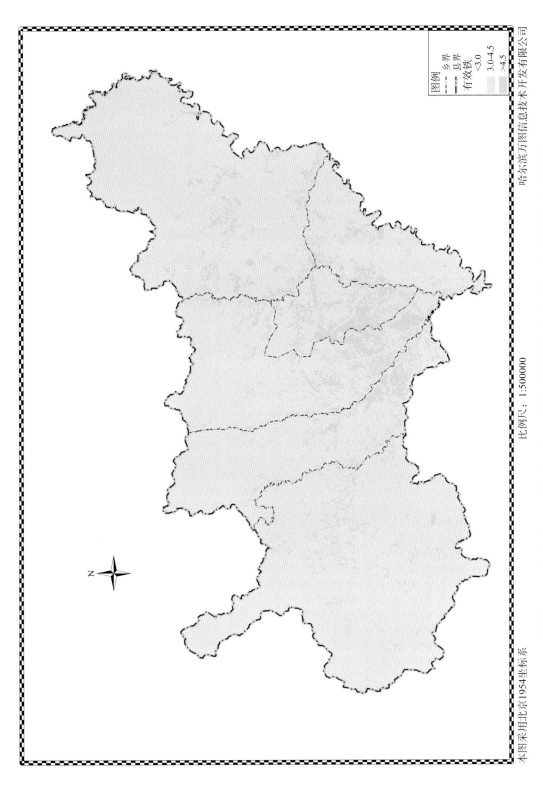

图例
乡界
县界
有效铁
<3.0
3.0-4.5
>4.5

哈尔滨万图信息技术开发有限公司

比例尺：1:500000

本图采用北京1954坐标系

附图 9　岭南生态农业示范区耕地土壤有效铁分级图

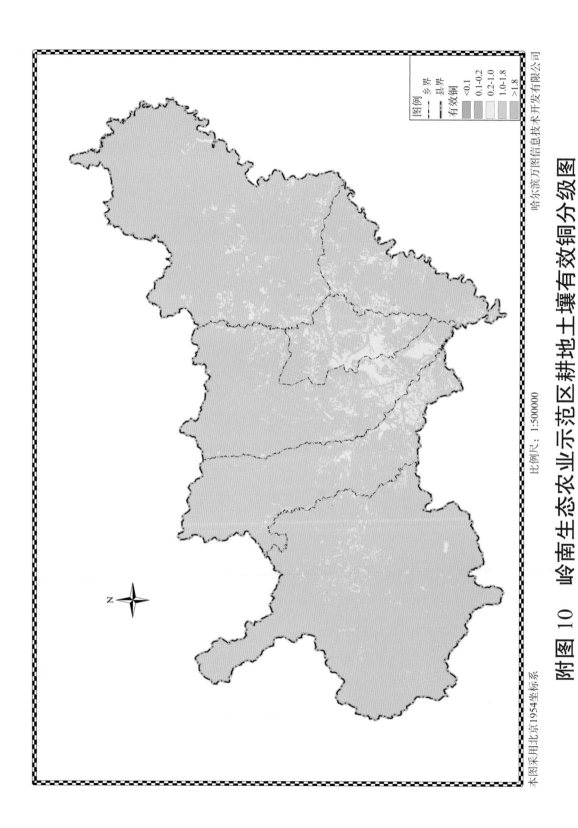

本图采用北京1954坐标系　　　　　比例尺: 1:500000　　　　　哈尔滨万图信息技术开发有限公司

图例
乡界
县界
有效铜
<0.1
0.1-0.2
0.2-1.0
1.0-1.8
>1.8

附图 10　岭南生态农业示范区耕地土壤有效铜分级图

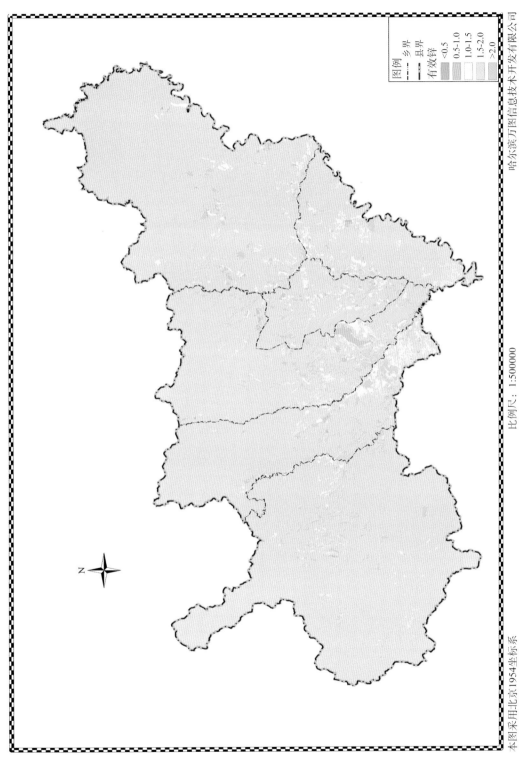

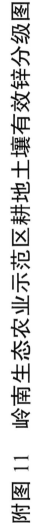

附图 11　岭南生态农业示范区耕地土壤有效锌分级图

比例尺：1:500000

哈尔滨万图图信息技术开发有限公司

本图采用北京1954坐标系

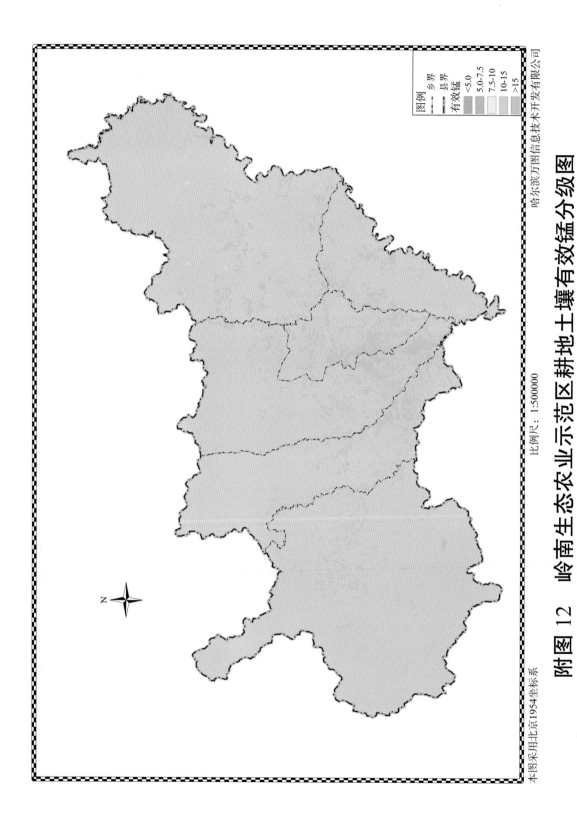

哈尔滨万图信息技术开发有限公司

比例尺: 1:500000

本图采用北京1954坐标系

附图 12　岭南生态农业示范区耕地土壤有效锰分级图

图例
乡界
县界
有效锰
<5.0
5.0-7.5
7.5-10
10-15
>15

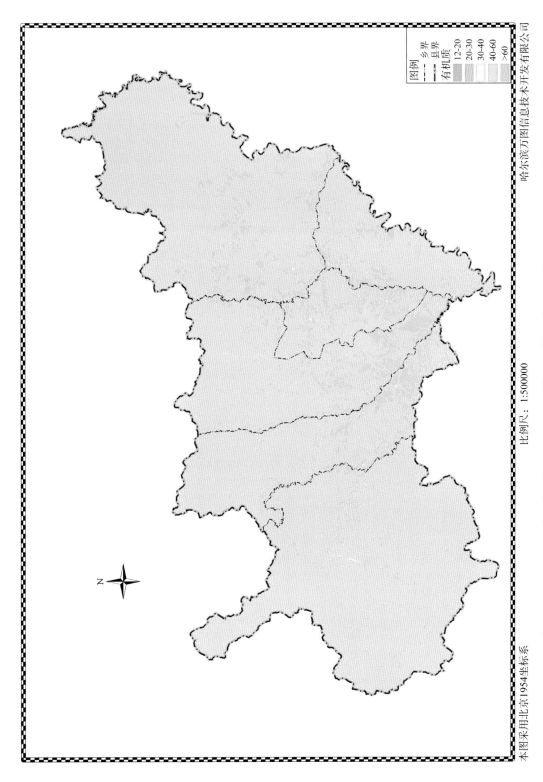

附图 13　岭南生态农业示范区耕地土壤有机质分级图

比例尺：1:500000

哈尔滨万图图信息技术开发有限公司

本图采用北京1954坐标系

图例
乡界
县界
有机质
12-20
20-30
30-40
40-60
>60

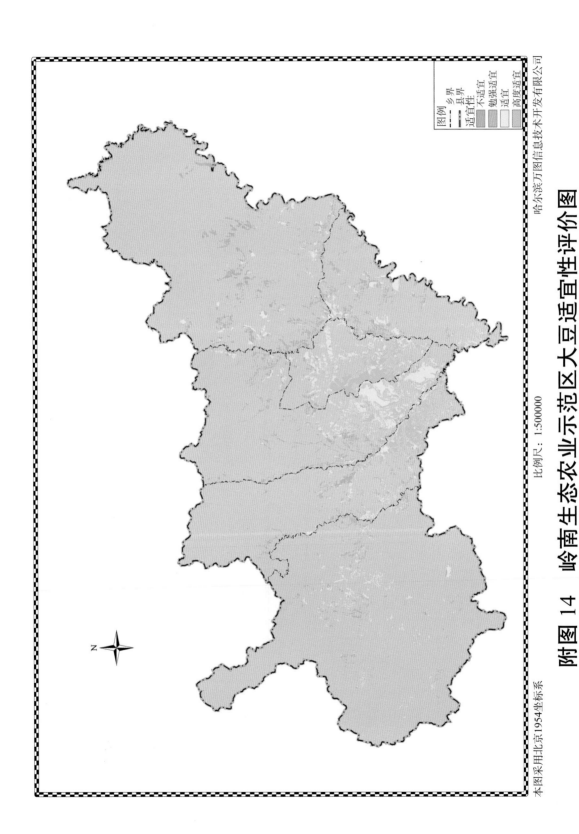

本图采用北京1954坐标系　　　　　　　比例尺: 1:500000　　　　　　　哈尔滨万图信息技术开发有限公司

附图 14　岭南生态农业示范区大豆适宜性评价图

图例　乡界　县界
适宜性　不适宜　勉强适宜　适宜　高度适宜